AF648934

Wissenschaftliche Taschenbücher WTB

Mathematik · Physik

Grundbegriffe der axiomatischen Mengenlehre

Teil 2

WTB Wissenschaftliche Taschenbücher

ROLF BORSDORF / MANFRED SCHOLZ
Spektroskopische Methoden in der organischen Chemie

WERNER HABERDITZL
Magnetochemie

GERHARD HEBER
Mathematische Hilfsmittel der Physik, Teil I und II

A. A. SOKOLOW
Elementarteilchen

HEINZ AHRENS
Varianzanalyse

HANS-JÜRGEN TREDER
Relativität und Kosmos
Raum und Zeit in der Physik, Astronomie und Kosmologie

ALBERT EINSTEIN
Grundzüge der Relativitätstheorie

ALBERT EINSTEIN
Über die spezielle und die allgemeine Relativitätstheorie

GÜNTHER LUDWIG
Wellenmechnik. Einführung und Originaltexte

HARRY PAUL
Lasertheorie, Teil I und II

FRANZ RUDOLF KESSLER
Einführung in die physikalischen Grundlagen der Kernenergiegewinnung

EBERHARD TEUSCHER
Pharmakognosie, Teil I und II

D. TER HAAR
Quantentheorie. Einführung und Originaltexte

J. H. SANDERS
Die Lichtgeschwindigkeit. Einführung und Originaltexte

JEAN KUNTZMANN
Unendliche Reihen
Mathematische Hilfsmittel der Physik und Chemie
Mit 94 Übungen und 29 Aufgaben

JEAN KUNTZMANN
Systeme von Differentialgleichungen
Mathematische Hilfsmittel der Physik und Chemie
Mit 88 Übungen und 40 Aufgaben

JEAN KUNTZMANN
Komplexe Veränderliche
Mathematische Hilfsmittel der Physik und Chemie
Mit 90 Übungen und 37 Aufgaben

FERDINAND CAP
Einführung in die Plasmaphysik
I. Theoretische Grundlagen

FERDINAND CAP
Einführung in die Plasmaphysik
II. Wellen und Instabilität

FERDINAND CAP
Einführung in die Plasmaphysik
III. Magnetohydrodynamik

J. A. ROSANOW
Wahrscheinlichkeitstheorie

HARRY PFEIFER
Theorie linearer Bauelemente
Elektronik für den Physiker I

HARRY PFEIFER
Die Elektronenröhre
Elektronik für den Physiker II

HARRY PFEIFER
Schaltungen mit Elektronenröhren
Elektronik für den Physiker III

HARRY PFEIFER
Leitungen und Antennen
Elektronik für den Physiker IV

HARRY PFEIFER
Mikrowellenelektronik
Elektronik für den Physiker V

HARRY PFEIFER
Halbleiterelektronik
Elektronik für den Physiker VI

SIEGFRIED HAUPTMANN
Über den Ablauf organisch-chemischer Reaktionen

GERHARD HÜBNER/KLAUS JUNG/ECKART WINKLER
Die Rolle des Wassers in biologischen Systemen

STEPHEN G. BRUSH
Kinetische Theorie. Teil I und II
Einführung und Originaltexte

EBERHARD HOFMANN
Eiweiße und Nucleinsäuren als biologische Makromoleküle
Dynamische Biochemie, Teil I

EBERHARD HOFMANN
Enzyme und energieliefernde Stoffwechselreaktionen
Dynamische Biochemie, Teil II

EBERHARD HOFMANN
Intermediärstoffwechsel
Dynamische Biochemie, Teil III

EBERHARD HOFMANN
Grundlagen der Molekularbiologie und Regulation des Zellstoffwechsels
Dynamische Biochemie, Teil IV

HERBERT GOERING
Elementare Methoden zur Lösung von Differentialgleichungsproblemen

PETER KRUMBIEGEL
Isotopieeffekte

D. M. BRINK
Kernkräfte. Einführung und Originaltexte

DIETER ONKEN
Steroide
Zur Chemie und Anwendung

HEINZ GEILER
Ökologie der Land- und Süßwassertiere

ARTHUR P. CRACKNELL
Angewandte Gruppentheorie. Einführung und Originaltexte

DIETER KLAUA
Elementare Axiome der Mengenlehre
Einführung in die Allgemeine Mengenlehre I

GÜNTER TEMBROCK
Grundlagen der Tierpsychologie

J. F. VINSON
Optische Kohärenz in der klassischen Theorie und in der Quantentheorie

W. R. HINDMARSH
Atomspektren. Einführung und Originaltexte

GÜNTHER TEMBROCK
Biokommunikation
Informationsübertragung im biologischen Bereich
Teil I und II

ADOLF ZSCHUNKE
Kernmagnetische Resonanzspektroskopie in der organischen Chemie

DIETER MERKEL
Riechstoffe

JOHN CUNNINGHAM
Vektoren

GEORG DAUTCOURT
Relativistische Astrophysik

ERNST SCHMUTZER
Symmetrien und Erhaltungssätze der Physik

GERHARD LERCH
Pflanzenökologie

MICHAEL GÖSSEL
Angewandte Automatentheorie, Band I
Grundbegriffe

MICHAEL GÖSSEL
Angewandte Automatentheorie, Band II
Lineare Automaten und Schieberegister

HEINRICH KINDLER
Der Regelkreis. Eine Einführung

WOLFRAM BRAUER/HANS-WALDEMAR STREITWOLF
Theoretische Grundlagen der Halbleiterphysik

DIETRICH BENDER/ERNST-EGON PIPPIG
Einheiten, Maßsysteme, SI

DIETER KLAUA
Grundbegriffe der axiomatischen Mengenlehre, Teil 1 und 2
Einführung in die Allgemeine Mengenlehre II

Vorschau auf die nächsten Bände:

JOACHIM NITSCHMANN
Entwicklung bei Mensch und Tier
Embryologie

EBERHARD TEUSCHER
Allgemeine Pharmakognosie
Teil I und II

WTB

BAND 105

Dieter Klaua

Grundbegriffe der axiomatischen Mengenlehre

Teil 2

Einführung in die Allgemeine Mengenlehre II/2

AKADEMIE-VERLAG · BERLIN

Reihe MATHEMATIK UND PHYSIK

Herausgeber:
Prof. Dr. rer. nat. habil. G. Heber Dresden
Prof. Dr. phil. habil. W. Holzmüller, Leipzig
Prof. Dr. phil. habil. A. Lösche, Leipzig
Prof. Dr. phil. habil. H. Reichardt, Berlin
Prof. Dr. phil. habil. K. Schröder, Berlin
Prof. Dr. phil. habil. K. Schröter, Berlin
Prof. Dr. rer. nat. habil. H.-J. Treder, Potsdam

Verfasser:
Prof. Dr. rer. nat. habil. D. Klaua
Berlin

1973

Alle Rechte vorbehalten
Copyright 1973 by Akademie-Verlag, Berlin

Lizenznummer: 202 · 100/422/73
Herstellung: VEB Druckhaus „Maxim Gorki", 74 Altenburg
Bestellnummer: 761 760 6 (7105) · ES 19 B 1
Printed in GDR

Vorwort

Der vorliegende zweite Teil II/2 von Band II „Grundbegriffe der axiomatischen Mengenlehre“ des Buches „Einführung in die Allgemeine Mengenlehre“ ist die unmittelbare Fortsetzung des ersten Teiles II/1, der damit für das Verständnis von II/2 erforderlich ist und dessen Vorwort den gesamten Band II einbezieht.

Berlin, Mai 1973 D. Klaua

Inhaltsverzeichnis

KAPITEL II

Darstellung der Mathematik im Rahmen der Mengenlehre

Inhaltsverzeichnis für Teil 1

KAPITEL II

Darstellung der Mathematik im Rahmen der Mengenlehre

§ 7. *Die natürlichen Zahlen*

1. Vorbemerkungen. In Kapitel II soll die in Band I (Vorwort und § 1, Abschn. 3) aufgestellte Erfahrungstatsache erhärtet werden, daß sich alle heutigen mathematischen Begriffe und Ergebnisse einheitlich innerhalb unserer axiomatischen Mengenlehre erhalten lassen und daß damit die derzeitige Mathematik mit der Mengenlehre zusammenfällt. Wir werden also in dem vorliegenden Kapitel II ausnahmsweise „Mathematik“ und „Mengenlehre“ nicht als synonyme Begriffe verwenden; denn die These ihrer Übereinstimmung soll hier gerade erst bestätigt werden. Da die Mengenlehre zumindest ein Teilgebiet der Mathematik ist, sind alle bisherigen mengentheoretischen Begriffe und Ergebnisse der Bände I, II mathematische Begriffe und Ergebnisse und bilden erste Beispiele zur Darstellung der Mathematik im Rahmen der Mengenlehre. Wir setzen diese Beispiele jetzt fort und beginnen, als Grundlage der Analysis, mit dem Aufbau des Zahlensystems der natürlichen, ganzen, rationalen, reellen und komplexen Zahlen.

2. Definition der natürlichen Zahlen. Im täglichen Leben treten die natürlichen Zahlen

$$0, 1, 2, 3, \ldots$$

als Anzahlen (Grundzahlen, Kardinalzahlen) endlicher Mengen und als Ordnungszahlen (Durchnumerierungstypen, Abzähltypen, Anordnungstypen, Ordinalzahlen) endlicher (wiederholungsfrei) durchnumerierter Mengen auf. In dem Satz „Dieses Buch hat 100 Seiten." ist z. B. die Zahl 100 eine Anzahl; d. h. sie gibt die bloße Elementeanzahl der Menge B der Seiten dieses Buches wieder. In dem Satz „Auf Seite 100 dieses Buches befindet sich ein Bild." ist dagegen die Zahl 100 eine Ordnungszahl; d. h. sie ist bei der Durchnumerierung der ersten hundert Buchseiten die Nummer der hundertsten Seite, besagt also, daß die Menge H der ersten hundert Buchseiten in bezug auf die vorliegende Elementeanordnung (Seitendurchnumerierung, Seitenabzählung) von demjenigen Typ ist, daß H bei Abzählung seiner Elemente gemäß deren Anordnung nach den ersten hundert Schritten ausgeschöpft ist. Man erkennt sofort, daß jede beliebige Durchnumerierung der Elemente von H mit den Zahlen von 1 bis 100 denselben Anordnungstyp 100 ergibt. Die Ordnungszahl einer endlichen durchnumerierten Menge A ist also bereits eindeutig durch die Anzahl von A bestimmt, und man braucht für die Definition der natürlichen Zahlen nur den Anzahlaspekt mengentheoretisch zu erfassen. Anders werden später (in Band III) die Verhältnisse bei den Kardinal- und Ordinalzahlen unendlicher Mengen liegen; dort besteht ein wesentlicher Unterschied zwischen diesen Zahlenarten.

Wir kommen nun zum Ansatz einer Definition der natürlichen Zahlen. Eine natürliche Zahl soll die Elementeanzahl einer im anschaulichen Sinne endlichen Menge sein, wobei dann also endlichen Mengen, welche gleichviele Elemente besitzen, dieselbe natürliche Zahl zukommt. Ohne den Zahlbegriff bereits verwenden zu müssen, läßt sich der Begriff der Gleichzahligkeit als Gleichmächtigkeit mengentheoretisch exakt definieren (Definition 6, § 3). Denn endliche Mengen A, B besitzen anschaulich gleichviele Elemente genau dann, wenn sie gleichmächtig sind. (Diese Vorstellung funktioniert auch für beliebige, nicht nur für endliche Mengen, und dient uns in Band III zur Definition der Kardinalzahlen beliebiger Mengen.) Unter Benutzung des Gleichzahligkeitsbegriffes führt dann ein kurzer Weg zur Gewinnung der natürlichen Zahlen über die Auswahl von Vergleichsmengen. (Die natürlichen Zahlen könnten auch als Kardinalzahlen nach dem Verfahren in Band III gewonnen werden.) Aus allen endlichen Mengen jeweils gleichvieler Elemente wählt man eine Menge stellvertretend als Vergleichsmenge aus, nennt sie die natürliche Zahl (die Anzahl) jeder der mit ihr gleichzahligen Mengen und bestimmt die Anzahl einer vorgegebenen endlichen Menge dadurch, daß man sie mit den ausgewählten Vergleichsmengen in bezug auf Gleichzahligkeit vergleicht. Im täglichen Leben beruht das Ausmessen der Länge eines Gegenstandes auf einem ähnlichen Verfahren, indem man diese Länge durch Längenvergleich des Gegenstandes mit den auf einem Meterstab befindlichen Vergleichsgegenständen (den markierten Teilen des Meterstabes) vergleicht. Die Bestimmung der natürlichen Zahlen erfolgt nun endgültig so: Für jede bei „endlichen" Mengen auftretende „Elementeanzahl" wählt man stellvertretend eine Menge dieser Anzahl fest aus, nennt die ausgewählten Mengen natürliche Zahlen (Anzahlen), erklärt als endliche Mengen alle diejenigen Mengen, welche einer natürlichen Zahl gleichmächtig sind, und definiert als die natürliche Zahl (Anzahl) einer vorgegebenen endlichen Menge die mit dieser Menge gleichmächtige natürliche Zahl. J. v. Neumann wählte als signifikante Vergleichsmengen sukzessiv die Mengen

$$X_0 = \emptyset,\quad X_1 = X_0 \cup \{X_0\},\quad X_2 = X_1 \cup \{X_1\},$$
$$X_3 = X_2 \cup \{X_2\}, \ldots .$$

Wegen $X \notin X$ für beliebige Mengen X vertreten die Mengen $X_0, X_1, X_2, X_3, \ldots$ in bezug auf die Elementeanzahl der Reihe nach die leere Menge, die Mengen mit genau einem, zwei, drei, ... Elementen, also alle anschaulich endlichen Mengen. Nennt man für Mengen X die Menge

$$X^+ = X \cup \{X\}$$

den Nachfolger von X, so können wir der Reihe nach definieren die einzelnen natürlichen Zahlen:

$$0 = \emptyset, \quad 1 = 0^+, \quad 2 = 1^+, \quad 3 = 2^+, \quad \ldots .$$

Damit ist aber noch nicht der allgemeine Begriff der natürlichen Zahl mengentheoretisch präzisiert; denn dafür ist erforderlich eine Definition der Form

$$n \text{ natürliche Zahl} \leftrightarrow \ldots,$$

und wir können bisher nur aufzählen:

$$n \text{ natürliche Zahl} \leftrightarrow n = 0 \vee n = 1 \vee n = 2 \vee n = 3 \vee \ldots,$$

was auf Grund der entstehenden unendlich langen Alternative sicher keine zulässige Definition ist. Es gelingt aber, die Menge N aller einzelnen natürlichen Zahlen zu definieren, womit dann

$$n \text{ natürliche Zahl} \leftrightarrow n \in N$$

eine einwandfreie Definition der natürlichen Zahl ist. Zunächst zeigen wir, daß es mindestens eine induktive Menge M gibt, d. h. eine Menge M mit

$$\emptyset \in M \wedge \forall X (X \text{ Menge} \wedge X \in M \rightarrow X^+ \in M),$$

d. h. M besitzt die leere Menge und ist gegenüber Nachfolgerbildung abgeschlossen. Jede induktive Menge enthält anschaulich die zu definierende Menge N der natürlichen Zahlen als Teilmenge, und N ist selbst eine induktive Menge. N ist also gerade der „Durchschnitt“ aller induktiven Mengen, d. h.

$$N = \{x \mid x \in M \text{ für jede induktive Menge } M\}.$$

Damit wäre eine Definition für N gefunden, und wir führen den skizzierten Ansatz zur Definition der natürlichen Zahlen jetzt exakt durch.

Definition 1. Ist A eine Menge, so heißt die Menge

$$A^+ = A \cup \{A\}$$

der *Nachfolger* von A. Eine Menge M ist *induktiv*, falls gilt:

$$\emptyset \in M \wedge \forall X \, (X \text{ Menge} \wedge X \in M \rightarrow X^+ \in M).$$

Satz 1. *Es gibt eine induktive Menge.*

Beweis. Anschaulich vermutet man sofort, daß jeder Allbereich (Definition 5, Bd. I, § 5) induktiv ist. Dies gilt auch. Sei A ein Allbereich. Dann ist zunächst $\emptyset \in A$. Denn als Grenzbereich ist $A \neq \emptyset$, und für jedes $x \in A$ existiert ein $X \in A$ mit $x \sqsubset X$, wobei X wegen $x \sqsubset X$ eine Menge ist; also existiert eine Menge $X \in A$, und es gilt

$$\emptyset \subseteq X \sqsubset A, \quad \emptyset \sqsubseteq X \sqsubset A, \quad \emptyset \sqsubset A,$$

also $\emptyset \in A$, da A Allmenge ist. Ist $x \in A$ und $x \sqsubset X \in A$ für ein X, so ist nach Satz 1g), Bd. I, § 5 $\{x\} \sqsubseteq X \sqsubset A$, also $\{x\} \in A$; damit ist A als Allbereich gegenüber Einermengenbildung abgeschlossen. A ist als Allmenge gegenüber Vereinigungsbildung abgeschlossen. Denn sind $X, Y \in A$ Mengen mit etwa $X \sqsubseteq Y$ (analog bei $Y \sqsubseteq X$), so gilt

$$x \in X \cup Y \rightarrow x \sqsubset Y$$

für jedes x; also ist $X \cup Y \sqsubseteq Y \sqsubset A$, $X \cup Y \in A$. Damit ist insgesamt A induktiv. Schließlich existiert nach dem Unendlichkeitsaxiom (Bd. I, § 4, Abschn. 5) mindestens ein Grenzbereich G, womit

$$A = \{x \mid x \sqsubset G\}$$

ein Allbereich ist (Satz 8a), Bd. I, § 5) und somit eine induktive Menge.

Nach den obigen Ausführungen bildet Satz 1 die grundlegende Voraussetzung zur Definition der natürlichen Zahlen. Für Satz 1 wiederum ist das Unendlichkeitsaxiom grundlegend; es ist das für die Existenz der Menge der natürlichen Zahlen ausschlaggebende Axiom. Wir bemerken außerdem die Nützlichkeit der Allmengen; denn gerade sie sind in Form der Allbereiche besonders naheliegende induktive Mengen.

Mit Satz 1 existiert über das Aussonderungsprinzip die Menge aller Objekte, welche Element jeder induktiven Menge sind, und wir definieren:

Definition 2. Es sei

$$\boldsymbol{N} = \{x \mid \forall X \,(X \textit{ induktiv} \to x \in X)\}.$$

Die Elemente von $\boldsymbol{N}$ heißen die *natürlichen Zahlen.*

3. Die PEANOschen Axiome. Man erhält im Rahmen der Mengenlehre erfahrungsgemäß alle mathematisch interessierenden Ergebnisse über natürliche Zahlen aus einigen wenigen Grundaussagen über die Menge $\boldsymbol{N}$ der natürlichen Zahlen in Verbindung mit der Anfangszahl $\emptyset$ und dem Nachfolgerbegriff $^+$. Die heute vorwiegend verwendeten fünf derartigen Grundaussagen gehen auf den italienischen Mathematiker PEANO zurück und heißen deshalb die PEANO*schen Axiome* für die natürlichen Zahlen; ihre Gesamtheit heißt das PEANO*sche Axiomensystem* der natürlichen Zahlen. Die PEANOschen Axiome sind bei einem axiomatischen Aufbau der Mengenlehre keine neuen Axiome, sondern beweisbare Aussagen. Sie fungieren für die Theorie der natürlichen Zahlen nur insofern als Axiome, als man alle weiteren Eigenschaften der natürlichen Zahlen aus ihnen ableitet. Zum Beweis der PEANOschen Axiome bemerken wir zunächst, daß $\boldsymbol{N}$ ein Mengensystem von Mengensystemen ist; denn ist M die Menge aller Mengensysteme $X \in \boldsymbol{N}$, so ist $M \subseteq \boldsymbol{N}$, und nach den Definitionen 1, 2 gilt:

$$\emptyset \in M \wedge \forall X (X \in M \to X^+ \in M),$$

womit M eine induktive Menge ist und damit nach Definition 2 $\boldsymbol{N} \subseteq M$ gilt, also insgesamt $M \subseteq \boldsymbol{N} \subseteq M$, $M = \boldsymbol{N}$. Wir definieren nun:

Definitionen 3. Die *Nachfolgerfunktion* sei die Funktion

$$' = (x^+)_{x \in \boldsymbol{N}} ;$$

für beliebige $a \in \boldsymbol{N}$ sei der *Nachfolger* von a die Zahl

$$a' = {}'(a) = a^+$$

und heißt jedes $x \in \boldsymbol{N}$ mit $x' = a$ ein *Vorgänger* von a. Die natürlichen Zahlen *Null*, *Eins*, *Zwei*, *Drei*, ... seien

$$0 = \emptyset, \quad 1 = 0', \quad 2 = 1', \quad 3 = 2', \ldots .$$

Es gibt verschiedene Ansichten darüber, ob man 0 mit zu den natürlichen Zahlen rechnet oder nicht. Im Rahmen einer mengentheoretischen Begründung der Mathematik wäre es unnatürlich, die 0 von den natürlichen Zahlen auszuschließen. Die leere Menge $\emptyset$ ist fester Bestandteil der Mengenlehre. Warum sollte sie bei der Anzahlbestimmung endlicher Mengen künstlich umgangen werden?

Die im PEANOschen Axiomensystem verwendeten Grundbegriffe sind die Menge $\boldsymbol{N}$, das Objekt 0 und die Funktion $'$ über $\boldsymbol{N}$.

Satz 2. *Für* $\boldsymbol{N}$, 0 *und* $'$ *gelten die fünf* PEANO*schen Axiome; d. h. für beliebige Elemente* n, m *und beliebige Mengen* $M \subseteq \boldsymbol{N}$ *gilt:*

(1) $0 \in \boldsymbol{N}$,

(2) $n \in \boldsymbol{N} \to n' \in \boldsymbol{N}$,

(3) $n \in \boldsymbol{N} \to n' \neq 0$,

(4) $n, m \in \boldsymbol{N} \wedge n' = m' \to n = m$,

(5) $0 \in M \wedge \forall x (x \in M \to x' \in M) \to M = \boldsymbol{N}$.

Beweis. Wir wissen:

$$\boldsymbol{N} = \{x \mid \forall X (X \textit{ induktiv} \to x \in X)\}$$

und damit $\boldsymbol{N} \subseteq X$ für jede induktive Menge X; für jedes $n \in \boldsymbol{N}$ ist:

$$0 = \emptyset, \; n \textit{ Menge}, \; n' = n^+ = n \cup \{n\};$$

eine Menge X ist induktiv genau dann, wenn gilt:

$$\emptyset \in X \wedge \forall x\,(x \text{ Menge} \wedge x \in X \rightarrow x^+ \in X).$$

(1) Wegen $0 \in X$ für jede induktive Menge X ist $0 \in \boldsymbol{N}$. (2) Ist $n \in \boldsymbol{N}$, so ist $n \in X$ für jede induktive Menge X, also auch $n' \in X$ für jede induktive Menge X, also $n' \in \boldsymbol{N}$. (3) Ist $n \in \boldsymbol{N}$, so ist

$$n' = n \cup \{n\} \neq \emptyset = 0.$$

(4) Zunächst gilt für beliebige x, y:

$$y \in x \in \boldsymbol{N} \rightarrow y \subseteq x. \quad (*)$$

Sei hierzu

$$X = \{x \in \boldsymbol{N} \mid \forall y (y \in x \rightarrow y \subseteq x)\}.$$

Wegen $0 = \emptyset$ und (1) ist sofort $0 \in X$. Ist $x \in X$, so ist

$$x \in \boldsymbol{N} \wedge \forall y (y \in x \rightarrow y \subseteq x).$$

Dann gilt über (2) auch

$$x^+ \in \boldsymbol{N} \wedge \forall y (y \in x^+ \rightarrow y \subseteq x^+);$$

denn ist $y \in x^+ = x \cup \{x\}$ und $y \in x$, so nach Voraussetzung

$$y \subseteq x \subseteq x \cup \{x\} = x^+,$$

und ist $y = x$, so trivial $y = x \subseteq x^+$. Also ist X eine induktive Menge, womit $\boldsymbol{N} \subseteq X$ gilt und (*) bewiesen ist. Sind nun $n, m \in \boldsymbol{N}$ mit $n' = m'$, so ist

$$n \cup \{n\} = m \cup \{m\},$$

also

$$n \in m \vee n = m \quad \text{und} \quad m \in n \vee m = n,$$

also nach (*)

$$n \subseteq m \quad \text{und} \quad m \subseteq n,$$

also $n = m$. (5) Ist $\boldsymbol{M} \subseteq \boldsymbol{N}$ mit den Eigenschaften

$$0 \in M \wedge \forall x\,(x \in M \rightarrow x' \in M),$$

so ist M eine induktive Menge, also $\boldsymbol{N} \subseteq M$, $\boldsymbol{N} = M$.

Die Axiome (1), (2) aus Satz 2 besagen, daß $\boldsymbol{N}$ selbst induktiv ist; damit ist

$$\boldsymbol{N} = \iota N (N \textit{ induktiv} \wedge \forall X \; (X \textit{ induktiv} \rightarrow N \subseteq X))$$

die kleinste induktive Menge, wie es dem inhaltlichen Ansatz von $\boldsymbol{N}$ entspricht. Axiom (4) besagt die Umkehrbarkeit der Nachfolgerfunktion. Axiom (5) heißt das *Induktionsaxiom*, da es *Beweise durch vollständige Induktion* erlaubt. Ist nämlich $\mathbf{B}(n)$ eine (mengentheoretisch formulierbare) Behauptung über natürliche Zahlen n, etwa

$$\mathbf{B}(n) \leftrightarrow n \neq 0 \rightarrow \exists x\,(x \in \boldsymbol{N} \wedge x' = n),$$

so braucht man als Nachweis dafür, daß $\mathbf{B}(n)$ auf alle natürlichen Zahlen n zutrifft (daß $\boldsymbol{N}$ durch die $n \in \boldsymbol{N}$, auf welche $\mathbf{B}(n)$ zutrifft, vollständig ausgeschöpft wird), von der Menge

$$M = \{n \in \boldsymbol{N} \mid \mathbf{B}(n)\}$$

aller $n \in \boldsymbol{N}$, auf die $\mathbf{B}(n)$ zutrifft, nach (5) nur

$$0 \in M \wedge \forall n\,(n \in M \rightarrow n' \in M)$$

zu zeigen, also

$$\mathbf{B}(0) \wedge \forall n\,(n \in \boldsymbol{N} \wedge \mathbf{B}(n) \rightarrow \mathbf{B}(n'));$$

d. h. die Behauptung muß auf 0 zutreffen, und trifft sie auf eine natürliche Zahl n zu, so muß sie auch auf den Nachfolger n' zutreffen. Der Nachweis von $\mathbf{B}(0)$ heißt *Anfangsschritt* der Induktion oder *Induktionsanfang*, der Nachweis von

$$\mathbf{B}(n) \rightarrow \mathbf{B}(n')$$

für beliebig vorgegebenes $n \in \boldsymbol{N}$ heißt *Induktionsschritt* oder *Induktionsschluß* (auch *Schluß von n auf* $n + 1$), wobei die Voraussetzung $\mathbf{B}(n)$ die *Induktionsvoraussetzung* und die Behauptung $\mathbf{B}(n')$ die *Induktionsbehauptung* ist. Als erstes Beispiel zum Beweisverfahren der vollständigen Induktion zeigen wir den

Satz 3. *Für beliebige* $n \in \boldsymbol{N}$ *gilt:*

$$n \neq 0 \rightarrow \exists x\,(x \in \boldsymbol{N} \wedge x' = n).$$

Beweis. Wir beweisen die Behauptung durch vollständige Induktion über n; d. h. wir definieren die Menge

$$M = \{n \in \boldsymbol{N} \mid n \neq 0 \rightarrow \exists x\,(x \in \boldsymbol{N} \wedge x' = n)\}$$

und zeigen:

$$0 \in M \wedge \forall n\,(n \in M \rightarrow n' \in M).$$

Denn dann ist nach PEANO-Axiom (5) aus Satz 2 $M = \boldsymbol{N}$ und damit Satz 3 bewiesen. Man beachte, daß nach den PEANO-Axiomen (1), (2), stets

$$0 \in \boldsymbol{N}, \qquad n \in \boldsymbol{N} \rightarrow n' \in \boldsymbol{N}$$

gilt, so daß innerhalb von Induktionsbeweisen über diese Eigenschaften von vornherein verfügt werden kann.

a) Anfangsschritt. Es ist $0 \in M$ zu zeigen, also

$$0 \neq 0 \rightarrow \exists x\,(x \in \boldsymbol{N} \wedge x' = 0).$$

Dies gilt sofort wegen $0 = 0$.

b) Induktionsschritt. Es ist für jedes n zu zeigen:

$$n \in M \rightarrow n' \in M;$$

d. h. für jedes $n \in \boldsymbol{N}$ muß aus der Induktionsvoraussetzung

$$n \neq 0 \rightarrow \exists x\,(x \in \boldsymbol{N} \wedge x' = n)$$

folgen die Induktionsbehauptung:

$$n' \neq 0 \rightarrow \exists x\,(x \in \boldsymbol{N} \wedge x' = n').$$

Für $n \in \boldsymbol{N}$ und $x = n$ ist aber trivial $x \in \boldsymbol{N} \wedge x' = n'$. (Die Induktionsvoraussetzung ist hierbei nicht einmal benötigt worden.)
Satz 3 besagt, daß jede von 0 verschiedene natürliche Zahl n mindestens einen Vorgänger besitzt. PEANO-Axiom (4) ergibt weiter die eindeutige Bestimmtheit des Vorgängers von n; denn sind x, y Vorgänger von n, so ist $x' = n$ und $y' = n$, also $x' = y'$, $x = y$. Jede natürliche Zahl $n \neq 0$ besitzt damit genau einen Vorgänger. Satz 3 und PEANO-Axiom (3) ergeben, daß 0 die einzige natürliche Zahl ohne Vorgänger ist.

4. Endliche Mengen. Wir wollen jetzt das in Abschn. 2 entwickelte Programm der Anzahldefinition endlicher Mengen zu Ende führen. Bisher kennen wir die Anzahlen nur als natürliche Zahlen schlechthin, d. h. als Elemente von $\boldsymbol{N}$. Es fehlt noch der Begriff ,,Anzahl der endlichen Menge A“. Da die natürlichen Zahlen genau die im anschaulichen Sinne endlichen Mengen in bezug auf die Elementeanzahl vertreten, können wir sofort definieren:

Definition 4. Eine Menge A heißt *endlich* oder *finit*, falls gilt:

$$\exists n \, (n \in \boldsymbol{N} \wedge A \sim n);$$

andernfalls heißt A *unendlich* oder *transfinit*.
Für Mengen A, B mit $A \sim B$ gilt sofort:

$$A \textit{ endlich} \leftrightarrow B \textit{ endlich},$$
$$A \textit{ unendlich} \leftrightarrow B \textit{ unendlich}.$$

Es ist nun nachzuweisen, daß es — was anschaulich evident ist — für jede endliche Menge A genau eine natürliche Zahl n gibt mit $A \sim n$; dann ist die Anzahl von A einwandfrei als

$$\iota n \, (n \in \boldsymbol{N} \wedge A \sim n)$$

definierbar.

Satz 4. *Für beliebige $n, m \in \boldsymbol{N}$ gilt:*

$$n \sim m \rightarrow n = m.$$

Beweis. ($\leftarrow$) ist trivial. ($\rightarrow$) zeigen wir durch vollständige Induktion über n. Für

$$M = \{n \in \boldsymbol{N} \mid \forall m\,(m \in \boldsymbol{N} \wedge n \sim m \rightarrow n = m)\}$$

ist zu zeigen:

$$0 \in M \wedge \forall n\,(n \in M \rightarrow n' \in M)\,.$$

a) Für jede Menge m gilt:

$$\emptyset \sim m \rightarrow \emptyset = m\,;$$

daraus folgt speziell wegen $0 = \emptyset$:

$$\forall m\,(m \in \boldsymbol{N} \wedge 0 \sim m \rightarrow 0 = m)\,,$$

also $0 \in M$.

b) Ist $n \in M$ vorgegeben, so gilt:

$$\forall m\,(m \in \boldsymbol{N} \wedge n \sim m \rightarrow n = m)\,. \quad (*)$$

Zu zeigen ist $n' \in M$, also:

$$\forall m\,(m \in \boldsymbol{N} \wedge n' \sim m \rightarrow n' = m)\,.$$

Ist $m \in \boldsymbol{N}$ mit $n' \sim m$, so ist $m \neq 0 = \emptyset$, da sonst $n' = \emptyset = 0$ wäre im Widerspruch zu Peano-Axiom (3). Nach Satz 3 existiert also ein $p \in \boldsymbol{N}$ mit $p' = m$. Dann ist $n' \sim m = p'$, also existiert eine eineindeutige Abbildung f von $n' = n \cup \{n\}$ auf $p' = p \cup \{p\}$. Man erhält eine weitere eineindeutige Abbildung g von n' auf p', indem man bei f folgende Wertevertauschung vornimmt:

$$g = \big(f \setminus \{(n, f(n)),\ (f^{-1}(p), p)\}\big) \cup \{(n, p),\ (f^{-1}(p), f(n))\}\,.$$

Jetzt ist aber $g(n) = p$, so daß die Einschränkung $g \mid n$ eine eineindeutige Abbildung von n auf p ist. Also gilt $n \sim p$, also nach Induktionsvoraussetzung (*) $n = p$ und damit schließlich $n' = p' = m$.

Nach Definition 4 existiert zu jeder endlichen Menge A eine natürliche Zahl n mit $A \sim n$ und nach Satz 4 auch höchstens ein solches n. Wir sind damit berechtigt zu folgender

Definition 5. A sei eine endliche Menge: Die Zahl

$$\iota n\,(n \in \boldsymbol{N} \wedge A \sim n)$$

heißt die *natürliche Zahl* (*Anzahl*, *Elementeanzahl*, *Grundzahl*) *von* A oder die *Kardinalzahl von* A, bezeichnet mit: card A (gelesen: *Kardinalzahl* A).
An Stelle von card A findet man auch die Bezeichnung $|A|$; wir verwenden card A.

Satz 5. *Für endliche Mengen* A, B *und Objekte* $a \notin A$ *gilt*:

a) $\operatorname{card} A = \operatorname{card} B \leftrightarrow A \sim B$,

b) $\operatorname{card} \emptyset = 0$, $\operatorname{card}(A \cup \{a\}) = (\operatorname{card} A)'$.

Beweis. a) Für endliche Mengen A, B gilt

$$\operatorname{card} A = \operatorname{card} B \to A \sim \operatorname{card} A = \operatorname{card} B \sim B \to A \sim B$$

und über Satz 4

$$\begin{aligned} A \sim B &\to \operatorname{card} A \sim A \sim B \sim \operatorname{card} \mathrm{B} \\ &\to \operatorname{card} A \sim \operatorname{card} B \to \operatorname{card} A = \operatorname{card} B. \end{aligned}$$

b) Es ist $\emptyset \sim \emptyset = 0$, also $\operatorname{card} \emptyset = 0$. Ist A eine endliche Menge, so auch $A \cup \{a\}$ für jedes Objekt a. Denn ist $a \notin A$ (der Fall $a \in A$ ist trivial) und $n = \operatorname{card} A$, so existiert eine eineindeutige Abbildung f von A auf n, und

$$g = f \cup \{(a, n)\}$$

ist eine eineindeutige Abbildung von $A \cup \{a\}$ auf $n \cup \{n\} = n'$; also ist

$$A \cup \{a\} \sim n' \in \boldsymbol{N},$$

also $A \cup \{a\}$ nach Definition 4 endlich. Wegen $n' = (\text{card} A)'$ gilt gleichzeitig:

$$\text{card}\,(A \cup \{a\}) = (\text{card}\,A)'.$$

Dem Beweis von Satz 5b) entnehmen wir für Mengen A und Elemente a:

$$\emptyset \textit{ endlich}, \quad A \textit{ endlich} \rightarrow A \cup \{a\} \textit{ endlich}.$$

Satz 5a) besagt, daß der Anzahlbegriff endlicher Mengen mit einem Abstraktionsprinzip im weiteren Sinne in bezug auf die Gleichmächtigkeit $\sim$ im Bereich aller endlichen Mengen eingeführt wurde (vgl. § 6, Abschn. 2); d. h. card A ist in Abhängigkeit von der endlichen Menge A ein derart definiertes Objekt, daß das folgende Abstraktionsprinzip im weiteren Sinne gilt: Für beliebige endliche Mengen A, B ist

$$\text{card}\,A = \text{card}\,B \leftrightarrow A \sim B.$$

Die zugrunde liegende Äquivalenzrelation $\sim$ im Bereich der endlichen Mengen ist hierbei ein außermathematisches Objekt.

Satz 5b) ergibt für paarweise verschiedene Objekte $a, b, c, \ldots$ der Reihe nach:

$$0 = \text{card}\,\emptyset, \quad 1 = \text{card}\,\{a\}, \quad 2 = \text{card}\,\{a, b\},$$
$$3 = \text{card}\,\{a, b, c\}, \ldots.$$

Damit ist schließlich der Anzahlbegriff endlicher Mengen in voller inhaltlicher Übereinstimmung mit der Anschauung und den üblichen Bezeichnungen exakt mengentheoretisch präzisiert.

Sinn und Zweck der natürlichen Zahlen ist folgender: Man hat für endliche Mengen A ihnen zugeordnete Objekte card A zur Verfügung mit einem gültigen Abstraktionsprinzip (im weiteren Sinne) in bezug auf Gleichmächtigkeit, und man kann daraufhin Relationen und Operationen in der Menge $\boldsymbol{N}$ dieser Objekte card A derart einführen, daß jede mit solchen Relationen und Operationen formulierte wahre Aussage über fest vorgegebene Elemente $n, m, \ldots$ aus $\boldsymbol{N}$ in praktischer Abkürzung eine zugehörige Gesetzmäßigkeit für eine ganze Schar von endlichen Mengen wiedergibt, nämlich für alle Repräsentanten $A, B, \ldots$ von $n, m, \ldots$, d. h. für alle endlichen Mengen $A, B, \ldots$. mit $\operatorname{card} A = n$, $\operatorname{card} B = m, \ldots$. Das Abstraktionsprinzip selbst sorgt von vornherein dafür, daß für die Identität $=$ in $\boldsymbol{N}$ und die Gleichmächtigkeit $\sim$ im Bereich der endlichen Mengen bereits gilt:

$$n = m \leftrightarrow A \sim B \text{ für alle Repräsentanten } A \text{ von } n \text{ und } B \text{ von } m.$$

Als weiteres Beispiel (unter Vorwegnahme späterer Ergebnisse dieses Paragraphen) liegt im Bereich der endlichen Mengen eine Kleinergleichbeziehung

$$A \lesssim B \leftrightarrow \exists X\, (A \sim X \subseteq B)$$

vor, die anschaulich besagt, daß die Anzahl von A höchstens so groß ist wie die Anzahl von B; man führt hierzu eine Kleinergleichbeziehung $\leqq$ in $\boldsymbol{N}$ ein, so daß gilt:

$$n \leqq m \leftrightarrow A \lesssim B \text{ für alle Repräsentanten } A \text{ von } n \text{ und } B \text{ von } m.$$

Schließlich ordnet die Vereinigung $\cup$ endlichen Mengen A, B im Falle $A \cap B = \emptyset$ ihre Vereinigung $A \cup B$ zu, deren Elementeanzahl anschaulich durch Hinzufügen der Anzahl von B zur Anzahl von A entsteht; man führt hierzu eine Operation $+$ in $\boldsymbol{N}$ ein, so daß gilt:

$$n + m = \operatorname{card}(A \cup B) \text{ für alle Repräsentanten } A \text{ von } n \text{ und } B \text{ von } m \text{ mit } A \cap B = \emptyset.$$

Dann erkennt man, daß jede mit Hilfe von $\leqq$, $+$ formulierte Aussage über fest vorgegebene natürliche Zahlen eine Gesetzmäßigkeit für alle zugehörigen Repräsentanten in bezug auf $\leq$, $\cup$ wiedergibt. Als Beispiel bedeuten die Aussagen

$$2 \leqq 5, \quad 2 + 3 = 5$$

für alle Repräsentanten A von 2, B von 3 und C von 5:

$$A \leq C, \quad A \cap B = \emptyset \rightarrow A \cup B \sim C.$$

Auf diese Weise liefert eine Theorie der natürlichen Zahlen in prägnanter Kurzform, nämlich mittels repräsentantenfreier Kommunikation, gewünschte Auskünfte über endliche Mengen. Auf den natürlichen Zahlen bauen sich schließlich die höheren Zahlbereiche der ganzen, rationalen, reellen und komplexen Zahlen auf.

Hat man durch einen mengentheoretischen Term jeder endlichen Menge A ein Objekt $\mathbf{T}(A)$ derart zugeordnet, daß das Abstraktionsprinzip

$$\mathbf{T}(A) = \mathbf{T}(B) \leftrightarrow A \sim B$$

in bezug auf Gleichmächtigkeit gilt, so abstrahieren die Objekte $\mathbf{T}(A)$ genau von der Gleichzahligkeit endlicher Mengen, sind also inhaltlich einwandfreie Anzahlen, natürliche Zahlen; denn jedes $\mathbf{T}(A)$ symbolisiert im Sinne des wirkenden Abstraktionsprinzips das allen mit A gleichmächtigen Mengen X Gemeinsame, eben ihre gemeinsame Elementeanzahl. Man könnte also beliebige solche Objekte $\mathbf{T}(A)$ als natürliche Zahlen wählen. Unser inhaltlicher Ansatz zum Existenznachweis solcher Objekte $\mathbf{T}(A)$ ergab speziell die natürlichen Zahlen card A.

5. Ordnungsaxiome. Neben den PEANOschen Axiomen läßt sich die Theorie der natürlichen Zahlen nach dem Vorgehen von ERHARD SCHMIDT auch aus einem *ordnungstheoretischen Axiomensystem* für die natürlichen Zahlen entwickeln, welches die Größenordnung der natürlichen Zahlen axiomatisiert. Die sukzessive Konstruktion der natürlichen Zahlen

$$0 = \emptyset, \quad 1 = 0 \cup \{0\}, \quad 2 = 1 \cup \{1\}, \quad 3 = 2 \cup \{2\}, \ldots$$

läßt zunächst den folgenden Satz vermuten:

Satz 6. *$\boldsymbol{N}$ ist ein Mengensystem von Mengensystemen mit für beliebige $n, m \in \boldsymbol{N}$ und beliebige $M \subseteq \boldsymbol{N}$:*

a) $0 \subseteq n \subseteq \boldsymbol{N}$,

b) $n \subset m \leftrightarrow n \in m$,

c) $n \subset m \leftrightarrow n' \subseteq m$,

d) $n \subseteq m \vee m \subseteq n$,

e) $M \neq \emptyset \rightarrow \exists x\,(x \in M \wedge \forall y\,(y \in M \rightarrow x \subseteq y))$.

Beweis. Zu Beginn von Abschn. 3 wurde bewiesen, daß $\boldsymbol{N}$ ein Mengensystem von Mengensystemen ist.

a) Es ist $0 \subseteq 0 \subseteq \boldsymbol{N}$, und ist $0 \subseteq n \subseteq \boldsymbol{N}$ für ein $n \in \boldsymbol{N}$, so auch

$$0 \subseteq n' = n \cup \{n\} \subseteq \boldsymbol{N};$$

also ist $0 \subseteq n \subseteq \boldsymbol{N}$ durch vollständige Induktion über n für alle $n \in \boldsymbol{N}$ gezeigt.

b) Beim Beweis von Satz 2 haben wir für beliebige x, y gezeigt:

$$y \in x \in \boldsymbol{N} \rightarrow y \subseteq x;$$

damit gilt für alle $n, m \in \boldsymbol{N}$:

$$n \in m \rightarrow n \subset m. \qquad (*)$$

Die Umkehrung

$$n \subset m \rightarrow n \in m \qquad (**)$$

zeigen wir bei fester natürlicher Zahl n durch vollständige Induktion über m: Es ist

$$n \subset 0 \rightarrow n \in 0$$

wegen $n \not\subset 0$. Gilt

$$n \subset m \rightarrow n \in m$$

für eine natürliche Zahl m, so auch

$$n \subset m' \rightarrow n \in m';$$

denn ist $n \subset m \cup \{m\}$, so ist $m \notin n$, da sonst nach (*)

$$m \subset n \subset m \cup \{m\}$$

wäre, womit es mindestens zwei Elemente von $m \cup \{m\}$ gäbe, die nicht Elemente von m wären; damit ist $n \subseteq m$, woraus $n \in m \cup \{m\}$ im Falle $n = m$ trivial folgt und im Falle $n \subset m$ über die Induktionsvoraussetzung, nach welcher $n \in m$ ist. Damit gilt (**) bei jedem festen $n \in \boldsymbol{N}$ für alle $m \in \boldsymbol{N}$, also für alle $n, m \in \boldsymbol{N}$.

c) Für $n, m \in \boldsymbol{N}$ gilt nach b)

$$n \subset m \rightarrow n \subseteq m \wedge n \in m \rightarrow n' = n \cup \{n\} \subseteq m$$

und trivial

$$n' \subseteq m \rightarrow n \subset n \cup \{n\} = n' \subseteq m \rightarrow n \subset m .$$

d) Wir beweisen

$$n \subseteq m \vee m \subseteq n$$

für beliebige $n, m \in \boldsymbol{N}$ bei festem n durch vollständige Induktion über m. Es ist

$$n \subseteq 0 \vee 0 \subseteq n$$

wegen $0 \subseteq n$. Gilt

$$n \subseteq m \vee m \subseteq n$$

für ein m, so auch

$$n \subseteq m' \vee m' \subseteq n;$$

denn ist nach Induktionsvoraussetzung $n \subseteq m$, so gilt $n \subseteq m'$, und ist $m \subset n$, so gilt $m' \subseteq n$ nach c).

e) Ist $\emptyset \neq M \subseteq \boldsymbol{N}$ und $n \in M$, so gibt es über d) ein $x \in M$ mit $x \subseteq y$ für alle $y \in M$ genau dann, wenn es für die nichtleere Menge

$$M' = \{x \in M \mid x \subseteq n\} \subseteq \{x \in \boldsymbol{N} \mid x \subseteq n\}$$

ein $x \in M'$ mit $x \subseteq y$ für alle $y \in M'$ gibt. Definiert man also für jedes $n \in \boldsymbol{N}$ die Menge

$$A(n) = \{x \in \boldsymbol{N} \mid x \subseteq n\}$$

(genauer ist A die Funktion über $\boldsymbol{N}$, welche jeder natürlichen Zahl n die angegebene Menge $A(n)$ zuordnet), so ist noch für jedes $n \in \boldsymbol{N}$ und $M \subseteq A(n)$ zu zeigen:

$$M \neq \emptyset \rightarrow \exists x(x \in M \wedge \forall y(y \in M \rightarrow x \subseteq y)). \quad (+)$$

Dies beweisen wir durch vollständige Induktion über n. Ist im Anfangsschritt M eine Menge mit $\emptyset \neq M \subseteq A(0)$, so gilt nach a) $A(0) = \{0\}$, also auch $M = \{0\}$ und damit insgesamt

$$0 \in M \wedge \forall y(y \in M \rightarrow 0 \subseteq y).$$

Es bestehe nun für ein n die Induktionsvoraussetzung; d. h. für jede Menge $M \subseteq A(n)$ gilt $(+)$. Zu zeigen ist die Induktionsbehauptung; d. h. für jede Menge $M \subseteq A(n')$ gilt $(+)$. Zunächst folgt aus c), d):

$$A(n') = A(n) \cup \{n'\}.$$

Ist dann $\emptyset \neq M \subseteq A(n')$ und $M' = M \cap A(n)$, so gibt es im Falle $M' \neq \emptyset$ nach Induktionsvoraussetzung ein $x \in M'$ mit $x \subseteq y$ für alle $y \in M'$, also wegen $x \subseteq n'$ auch mit

$$x \in M \wedge \forall y(y \in M \rightarrow x \subseteq y);$$

im Falle $M' = \emptyset$ ist $M = \{n'\}$, also

$$n' \in M \wedge \forall y(y \in M \rightarrow n' \subseteq y).$$

Auf Grund der sukzessiven echten Inklusionen

$$0 \subset 1 \subset 2 \subset 3 \subset \ldots$$

liefert $\subset$ gleichzeitig die Anordnung der natürlichen Zahlen ihrer Größe nach, und wir dürfen inhaltlich berechtigt definieren:

Definition 6. Für $n, m \in \boldsymbol{N}$ sei:

$$\begin{aligned} n &\leqq m \quad \text{(gelesen: } n \textit{ kleinergleich } m) &&\leftrightarrow n \subseteq m, \\ n &< m \quad \text{(gelesen: } n \textit{ kleiner } m) &&\leftrightarrow n \subset m, \\ m &\geqq n \quad \text{(gelesen: } m \textit{ größergleich } n) &&\leftrightarrow n \leqq m, \\ m &> n \quad \text{(gelesen: } m \textit{ größer } n) &&\leftrightarrow n < m; \end{aligned}$$

die Menge

$$\boldsymbol{N}(n) = \{x \in \boldsymbol{N} \mid x < n\}$$

heißt der *Abschnitt* von n. $\leqq, <, \geqq, >$ seien gleichzeitig die entsprechenden Relationen in $\boldsymbol{N}$; d. h.

$$\leqq\ = \{(x, y) \in \boldsymbol{N}^2 \mid x \leqq y\}, \quad <\ = \{(x, y) \in \boldsymbol{N}^2 \mid x < y\},$$
$$\geqq\ = (\leqq)^{-1}, \quad >\ = (<)^{-1}.$$

Wegen

$$n \leqq m \leftrightarrow n < m \vee n = m, \quad n < m \leftrightarrow n \leqq m \wedge n \neq m$$

läßt sich die reflexive Relation $\leqq$ durch die irreflexive $<$ definieren und umgekehrt und lassen sich $\leqq$-Aussagen unmittelbar in $<$-Aussagen umschreiben und umgekehrt. Es ist also gleichgültig, welche der beiden Relationen man verwendet; wir bevorzugen $\leqq$. Mittels $\leqq$ läßt sich unter Benutzung von Satz 6 neben $<$ auch 0 und der Nachfolger n' definieren. Denn wegen $\boldsymbol{N} \neq \emptyset$ existiert nach Satz 6e) ein $x \in \boldsymbol{N}$ mit $x \leqq y$ für alle $y \in \boldsymbol{N}$; wegen $x \leqq y \wedge y \leqq x \rightarrow x = y$ für alle $x, y \in \boldsymbol{N}$ existiert sogar genau ein solches $x \in \boldsymbol{N}$ mit $x \leqq y$ für alle $y \in \boldsymbol{N}$, und nach Satz 6a) ist 0 dieses kleinste Element x von $\boldsymbol{N}$, also

$$0 = \iota x(x \in \boldsymbol{N} \wedge \forall y(y \in \boldsymbol{N} \rightarrow x \leqq y)).$$

Weiter existiert zu jedem $n \in \boldsymbol{N}$ ein $x \in \boldsymbol{N}$ mit $n < x$, etwa $x = n'$; denn nach Satz 6c) ist $n < n'$. Damit existiert nach Satz 6e) das kleinste Element x_0 der Menge

$$M = \{x \in \boldsymbol{N} \mid n < x\},$$

und nach Satz 6c) ist $x_0 = n'$; also gilt

$$n' = \iota x(x \in \boldsymbol{N} \wedge n < x \wedge \forall y(y \in \boldsymbol{N} \wedge n < y \rightarrow x \leqq y)),$$
$$n' = \iota x(x \in \boldsymbol{N} \wedge n < x \wedge \neg \exists y(y \in \boldsymbol{N} \wedge n < y < x)),$$

wobei die letzte Gleichung aus der vorletzten folgt wegen für alle $x, y \in \boldsymbol{N}$:

$$\neg (y < x \leqq y), \qquad x \leqq y \vee y \leqq x.$$

Damit ergibt sich sukzessiv

$$0 < 1 < 2 < 3 < \ldots,$$

und zwischen benachbarten Zahlen liegen keine weiteren natürlichen Zahlen, so daß unter Verwendung der nach Satz 6d) hinsichtlich $\leqq$ bestehenden Vergleichbarkeit natürlicher Zahlen für die Abschnitte $\boldsymbol{N}(n)$ der Reihe nach und der Anschauung gemäß gilt:

$$\boldsymbol{N}(0) = \emptyset, \qquad \boldsymbol{N}(1) = \{0\}, \qquad \boldsymbol{N}(2) = \{0, 1\},$$
$$\boldsymbol{N}(3) = \{0, 1, 2\}, \ldots .$$

Schließlich besagt Satz 6a), b) sogar für jedes $n \in \boldsymbol{N}$:

$$n = \{x \in \boldsymbol{N} \mid x < n\} = \boldsymbol{N}(n).$$

Die im ordnungstheoretischen Axiomensystem verwendeten Grundbegriffe sind die nichtleere Menge $\boldsymbol{N}$ und die Relation $\leqq$ in $\boldsymbol{N}$; alle weiteren in Satz 7 auftretenden Begriffe ($<$, 0, x') lassen sich ja mittels $\leqq$ definieren.

Satz 7. *Für* $\boldsymbol{N}$ *und* $\leqq$ *gelten sieben Ordnungsaxiome; d. h. für beliebige Elemente* $n, m, p \in \boldsymbol{N}$ *und beliebige Mengen* $M \subseteq \boldsymbol{N}$ *gilt:*

(1′) $n \leqq n$ (*Reflexivität*),

(2′) $n \leqq m \wedge m \leqq p \rightarrow n \leqq p$ (*Transitivität*),

(3′) $n \leqq m \wedge m \leqq n \rightarrow n = m$ (*Antisymmetrie*),

(4′) $n \leqq m \vee m \leqq n$ (*Linearität*),

(5′) $M \neq \emptyset \rightarrow \exists x(x \in M \wedge \forall y(y \in M \rightarrow x \leqq y))$ (*Minimumbedingung*),

(6′) $\exists x(x \in \boldsymbol{N} \wedge n < x)$ (*Unbeschränktheit*),

(7′) $n \neq 0 \rightarrow \exists x(x \in \boldsymbol{N} \wedge x' = n)$ (*Existenz des Vorgängers*).

Beweis. (1′), (2′), (3′) sind Reflexivität, Transitivität und Antisymmetrie der Inklusion $\subseteq$. (4′) und (5′) sind Satz 6d), e). (6′) Nach Satz 6c) gilt $n < n'$; damit ist $x = n' \in \boldsymbol{N}$ mit $n < x$. (7′) ist Satz 3.

Über die gegenseitige Definierbarkeit

$$n \leqq m \leftrightarrow n < m \vee n = m, \quad n < m \leftrightarrow n \leqq m \wedge n \neq m$$

von $\leqq$, $<$ folgen aus den reflexiven Ordnungsaxiomen (1′)–(4′) die irreflexiven Ordnungsaxiome (1″)–(4″) und umgekehrt; dabei ist für beliebige $n, m, p \in \boldsymbol{N}$:

(1″) $n \nless n$ (*Irreflexivität*),

(2″) $n < m \wedge m < p \rightarrow n < p$ (*Transitivität*),

(3″) $n < m \rightarrow m \nless n$ (*Asymmetrie*),

(4″) $n < m \vee n = m \vee m < n$ (*Konnexität*).

(4′) wie (4″) nennt man auch *Vergleichbarkeit*. (1″)–(4″) ergeben die *Trichotomie*: Von den drei Fällen in (4″) tritt stets genau einer ein. Aus (2″) folgt auch:

$$n < m \leqq p \vee n \leqq m < p \rightarrow n < p$$

und aus (3″), (4″):

$$n < m \leftrightarrow m \nleqq n, \quad n \leqq m \leftrightarrow m \nless n.$$

Axiom (5′) heißt auch *Prinzip der kleinsten Zahl*: Jede nichtleere Menge natürlicher Zahlen besitzt eine (nach (3′) eindeutig bestimmte) kleinste Zahl. Dieses Prinzip ergibt parallel zum Induktionsaxiom des PEANOschen Axiomensystems den folgenden *Induktionssatz*:

Satz 8. *Für Mengen* $M \subseteq \boldsymbol{N}$ *gilt*:

$$\forall n(n \in \boldsymbol{N} \wedge \boldsymbol{N}(n) \subseteq M \rightarrow n \in M) \rightarrow M = \boldsymbol{N}.$$

Beweis. Wäre unter der angegebenen Voraussetzung nicht $M = \boldsymbol{N}$ und $M' = \boldsymbol{N} \setminus M$, so existierte nach Ordnungsaxiom (5′) die kleinste Zahl n_0 von M' mit also $n_0 \leqq x$ für alle $x \in M'$. Für jedes $x \in \boldsymbol{N}$ mit $x < n_0$ ist dann $x \notin M'$, da sonst $x < n_0 \leqq x$, also $x < x$ wäre. Damit ist also

$$n_0 \in \boldsymbol{N} \wedge \boldsymbol{N}(n_0) \subseteq M,$$

womit nach Voraussetzung $n_0 \in M$ wäre im Widerspruch zu $n_0 \in M'$ und damit zu $n_0 \notin M$.

Satz 8 erlaubt *Beweise durch ordnungstheoretische Induktion*. Ist nämlich $\mathbf{B}(n)$ eine (mengentheoretisch formulierbare) Behauptung über natürliche Zahlen n, so braucht man als Nachweis dafür, daß $\mathbf{B}(n)$ auf alle natürlichen Zahlen n zutrifft, von der Menge

$$M = \{n \in \boldsymbol{N} \mid \mathbf{B}(n)\}$$

aller $n \in \boldsymbol{N}$, auf die $\mathbf{B}(n)$ zutrifft, nach Satz 8 nur

$$\forall n (n \in \boldsymbol{N} \wedge \boldsymbol{N}(n) \subseteq M \rightarrow n \in M)$$

zu zeigen, also

$$\forall n\big(n \in \boldsymbol{N} \wedge \forall x (x \in \boldsymbol{N} \wedge x < n \rightarrow \mathbf{B}(x)) \rightarrow \mathbf{B}(n)\big);$$

d. h. trifft die Behauptung auf alle natürlichen Zahlen x zu, die kleiner als eine vorgegebene natürliche Zahl n sind, so muß sie auch auf die Zahl n zutreffen. Der Nachweis von

$$\forall x (x \in \boldsymbol{N} \wedge x < n \rightarrow \mathbf{B}(x)) \rightarrow \mathbf{B}(n)$$

für beliebig vorgegebenes $n \in \boldsymbol{N}$ heißt wieder *Induktionsschritt* oder *Induktionsschluß* (auch *Schluß von* $0, \ldots, n$ *auf* $n + 1$), wobei die Voraussetzung

$$\forall x (x \in \boldsymbol{N} \wedge x < n \rightarrow \mathbf{B}(x))$$

die *Induktionsvoraussetzung* und die Behauptung $\mathbf{B}(n)$ die *Induktionsbehauptung* ist. Im Gegensatz zum Beweisverfahren der vollständigen Induktion verfügt man bei ordnungstheoretischer Induktion über eine stärkere Induktionsvoraussetzung; man darf $\mathbf{B}(x)$ für alle $x < n$ als gültig voraussetzen, nicht nur für den Vorgänger x von n.

Aus den Ordnungsaxiomen (1′)—(7′) folgen die PEANO-Axiome (1)—(5) für die mittels $\leqq$ unter Verwendung von (1′)—(6′) definierte Null 0 und Nachfolgerfunktion ′ über $\boldsymbol{N}$, nämlich

$$0 = \iota x(x \in \boldsymbol{N} \wedge \forall y(y \in \boldsymbol{N} \to x \leqq y)),$$
$$n' = \iota x(x \in \boldsymbol{N} \wedge n < x \wedge \forall y(y \in \boldsymbol{N} \wedge n < y \to x \leqq y)).$$

Aus diesen Gleichheiten folgt sofort:

(1) $0 \in \boldsymbol{N}$,

(2) $n \in \boldsymbol{N} \to n' \in \boldsymbol{N}$.

Wegen $0 \leqq n < n'$ und damit nach (2′), (3′) $0 < n'$ für alle $n \in \boldsymbol{N}$, gilt:

(3) $n \in \boldsymbol{N} \to n' \neq 0$.

Ist $n' = m'$ für vorgegebene $n, m \in \boldsymbol{N}$ und wäre $n \neq m$, so nach (4′) $n < m \vee m < n$, woraus $n' \leqq m < m'$ oder $m' \leqq n < n'$ folgt, also $n' < m' \vee m' < n'$ im Widerspruch zu $n' = m'$; also gilt:

(4) $n, m \in \boldsymbol{N} \wedge n' = m' \to n = m$.

Schließlich gilt auch für jede Menge $M \subseteq \boldsymbol{N}$:

(5) $0 \in M \wedge \forall x(x \in M \to x' \in M) \to M = \boldsymbol{N}$.

Denn wäre unter den Voraussetzungen über M nicht $M = \boldsymbol{N}$, so wäre $M \subset \boldsymbol{N}$ und existierte nach (5′) das kleinste Element n von $\boldsymbol{N} \setminus M$; wegen $0 \in M$ ist $n \neq 0$, womit nach (7′) der Vorgänger $x_0 \in \boldsymbol{N}$ mit $x_0' = n$ existiert; wegen $x_0 < x_0' = n$ ist dann $x_0 \in M$ nach Definition von n, womit der Widerspruch $n = x_0' \in M$ zu $n \notin M$ entsteht wegen $x' \in M$ für alle $x \in M$.

Kann man also die Theorie der natürlichen Zahlen aus den PEANOschen Axiomen (1)—(5) ableiten, so auch aus den Ordnungsaxiomen (1′)—(7′). Wir werden im Verlaufe dieses Paragraphen sehen, daß umgekehrt aus den PEANOschen Axiomen die Ordnungsaxiome folgen, wobei $\leqq$ mit den Grundbegriffen des PEANOschen Axiomensystems definierbar ist. Beide Axiomensysteme der natürlichen Zahlen sind damit einander gleichwertig. Wir verwenden von Abschn. 7 an das traditionelle Axiomensystem von PEANO.

Die Wichtigkeit der bisher inhaltlich nur an den natürlichen Zahlen selbst orientierten Anordnungsbeziehungen $\leqq$, $<$ besteht darin, daß sie die von der Anschauung her geläufige Größenanordnung endlicher Mengen repräsentantenfrei wiedergeben. Für beliebige Mengen A, B hat man auf Grund der Bedeutung der Gleichmächtigkeit $\sim$ als Gleichzahligkeit die Möglichkeit, mittels der Bedingungen

$$\exists X(A \sim X \subseteq B), \quad \exists X(A \sim X \subseteq B) \wedge A \nsim B$$

den anschaulichen Sachverhalt zum Ausdruck zu bringen, daß die „Elementeanzahl" von A kleinergleich der von B bzw. kleiner als die von B ist. Bei endlichen A, B müßten also diese beiden Bedingungen gleichwertig sein mit

$$\operatorname{card} A \leqq \operatorname{card} B, \quad \operatorname{card} A < \operatorname{card} B,$$

sofern $\leqq$, $<$ die anschauliche Größenanordnung endlicher Mengen repräsentantenfrei wiedergeben. Und das werden wir jetzt zeigen.

Definition 7. Für Mengen A, B sei:

$A \lesssim B$ (gelesen: A *kleinergleich* B) $\leftrightarrow \exists X(A \sim X \subseteq B)$,

$A \prec B$ (gelesen: A *kleiner* B) $\leftrightarrow A \lesssim B \wedge A \nsim B$,

$B \gtrsim A$ (gelesen: B *größergleich* A) $\leftrightarrow A \lesssim B$,

$B \succ A$ (gelesen: B *größer* A) $\leftrightarrow A \prec B$.

(Die Begriffe der Definition 7 brauchen wir zwar im Moment nur für endliche Mengen, doch werden sie in § 9 und Band III für beliebige Mengen benötigt.) Nützlich für die weiteren Betrachtungen ist der

Satz 9. *Für Mengen A, A', B, B', C und Funktionen F gilt*:

$$A' \sim A \precsim B \sim B' \to A' \precsim B',$$

$$A' \sim A \prec B \sim B' \to A' \prec B',$$

$$A \precsim B \leftrightarrow A \prec B \vee A \sim B, \quad A \prec B \leftrightarrow A \precsim B \wedge A \nsim B,$$

$$A \precsim A, \qquad A \nprec A$$

$$A \precsim B \precsim C \to A \precsim C,$$

$$A \subseteq B \to A \precsim B, \qquad \mathrm{W}(F) \precsim \mathrm{D}(F).$$

Beweis. Ist $A \precsim B$, so $A \sim X \subseteq B$ für ein X; ist noch $A' \sim A$ und $B \sim B'$, so $A' \sim X$ und $X \sim X' \subseteq B'$ für ein X', also $A' \sim X' \subseteq B'$, also $A' \precsim B'$. Ist $A \prec B$, $A' \sim A$ und $B \sim B'$, so gilt nach eben $A' \precsim B'$; wäre $A' \sim B'$, so auch $A \sim B$ im Widerspruch zu $A \prec B$; also gilt insgesamt $A' \precsim B'$ und $A' \nsim B'$, also $A' \prec B'$. Die dritte bis sechste Behauptung des Satzes folgen unmittelbar aus Definition 7. Ist $A \precsim B \precsim C$, so gibt es Mengen X, Y mit $A \sim X \subseteq B \sim Y \subseteq C$, womit es auch ein X' gibt mit $X \sim X' \subseteq Y$, also schließlich $A \sim X' \subseteq C$, $A \precsim C$. Trivial ist $A \precsim B$ für $A \subseteq B$. Ist F eine Funktion, so gibt es über das Auswahlaxiom nach Satz 2, § 4 eine Auswahlfunktion G der Abbildung F^{-1}. G ist eine eineindeutige Abbildung von $\mathrm{W}(F)$ in $\mathrm{D}(F)$, womit $\mathrm{W}(F) \precsim \mathrm{D}(F)$ gilt.

Satz 10. *Für beliebige $n, m \in \boldsymbol{N}$ und Mengen X gilt*:

a) $X \subseteq n \to X$ *endlich*,

b) $X \subset n \to X \prec n$,

c) $n \precsim m \leftrightarrow n \leqq m$,

d) $n \prec m \leftrightarrow n < m$.

Beweis. a) Die Behauptung folgt durch vollständige Induktion über n. Ist X eine Menge mit $X \subseteq 0 = \emptyset$, so ist $X = \emptyset$ und damit endlich, also:

$$X \subseteq 0 \to X \textit{ endlich}.$$

Gilt für eine natürliche Zahl n und jede Menge X:

$$X \subseteq n \to X \textit{ endlich},$$

so gilt auch für jede Menge X:

$$X \subseteq n' \to X \textit{ endlich}.$$

Denn ist $X \subseteq n' = n \cup \{n\}$ und $X \subseteq n$, so ist X nach Induktionsvoraussetzung endlich; ist andrerseits $n \in X$, so ist $X = X' \cup \{n\}$ bei $X' = X \setminus \{n\} \subseteq n$, also X' endlich nach Induktionsvoraussetzung und damit auch X.

b) Vollständige Induktion über n. Für jede Menge X ist $X \not\subset 0$, also

$$X \subset 0 \to X \prec 0.$$

Gilt für eine natürliche Zahl n und jede Menge X:

$$X \subset n \to X \prec n,$$

so gilt auch für jede Menge X:

$$X \subset n' \to X \prec n'.$$

Es sei hierzu $X \subset n' = n \cup \{n\}$ und $X' = X \cap n$. Zu zeigen ist für $X \prec n'$ wegen $X \subseteq n'$ und damit $X \preceq n'$ lediglich noch $X \nsim n'$. Wäre aber $X \sim n \cup \{n\}$, so hätte man im Falle $n \in X$:

$$X' \cup \{n\} = X \sim n \cup \{n\}$$

und damit $X' \sim n$ im Widerspruch zu $X' \subset n$ (wegen $X \subset n'$) und der Induktionsvoraussetzung; im Falle $n \notin X$ wäre:

$$X' = X \sim n \cup \{n\}$$

und damit $X'' = X' \setminus \{x\} \sim n$ für ein $x \in X'$ im Widerspruch zu $X'' \subset n$ (wegen $X' \subseteq n$) und der Induktionsvoraussetzung.

c) Ist $n \preceq m$ für natürliche Zahlen n, m und wäre nicht $n \leqq m$, so wäre $m < n$ nach Ordnungsaxiom (4′) aus Satz 7, also $m \subset n$ und damit

$$n \sim X \subseteq m \subset n$$

für ein X, also $n \sim X \prec n$ nach b), also $n \prec n$ nach Satz 9 im Widerspruch zu $n \sim n$. Damit gilt:

$$n \preceq m \to n \leqq m.$$

Ist umgekehrt $n \leqq m$, so $n \subseteq m$ und damit $n \preceq m$; also gilt auch:

$$n \leqq m \to n \preceq m.$$

d) Für natürliche Zahlen n, m gilt nach c) und Satz 4:

$$n \prec m \leftrightarrow n \preceq m \wedge n \nsim m \leftrightarrow n \leqq m \wedge n \neq m \leftrightarrow n < m.$$

Satz 11. *Für Mengen A, B gilt:*

a) $A \preceq B \wedge B$ *endlich* $\to A$ *endlich,*
$A \subseteq B \wedge B$ *endlich* $\to A$ *endlich.*

b) *Ist B endlich und* $A \subseteq B$, *so ist*
$A \subset B \leftrightarrow A \prec B$.

c) *Ist B endlich, so ist*
$A \prec B \leftrightarrow \exists X (A \sim X \subset B)$.

d) *Sind A, B endlich, so ist*
$\operatorname{card} A \leqq \operatorname{card} B \leftrightarrow A \preceq B$,
$\operatorname{card} A < \operatorname{card} B \leftrightarrow A \prec B$.

Beweis. a) Ist $A \preceq B$, so existiert eine Menge X mit $A \sim X \subseteq B$; ist noch B endlich und $n = \operatorname{card} B$, so gilt insgesamt

$$A \sim X \subseteq B \sim n.$$

Ist dann f eine eineindeutige Abbildung von B auf n und $Y = f\langle X \rangle$, so ist $f | X$ eine eineindeutige Abbildung von X auf Y, also

$$A \sim X \sim Y \subseteq n,$$

wobei Y nach Satz 10a) endlich ist, also auch A. Ist $A \subseteq B$, so $A \preceq B$, und nach dem eben Bewiesenen folgt die Endlichkeit von A aus der von B.

b) Sei $A \subseteq B$. ($\rightarrow$) Ist $A \subset B$, B endlich und $n = \operatorname{card} B$, so ist $A \subset B \sim n$, womit es eine Menge X gibt mit $A \sim X \subset n$. Nach Satz 10b) ist $X \prec n$, also gilt insgesamt

$$A \sim X \prec n \sim B,$$

woraus über Satz 9 $A \prec B$ folgt. ($\leftarrow$) Ist $A \prec B$, so muß $A \subset B$ sein, da sonst $A = B$ wäre, also $A \prec A$ im Widerspruch zu $A \sim A$.

c) ($\rightarrow$) Ist $A \prec B$, so gibt es eine Menge X mit

$$A \sim X \subseteq B \quad \text{bei} \quad A \nsim B;$$

dann muß $X \subset B$ sein, da sonst $X = B$ wäre, also $A \sim B$ im Widerspruch zu $A \nsim B$. ($\leftarrow$) Ist B endlich und $A \sim X \subset B$ für ein X, so ist $X \prec B$ nach b), also $A \prec B$ nach Satz 9.

d) Für endliche Mengen A, B gilt wegen

$$\operatorname{card} A \sim A, \qquad \operatorname{card} B \sim B$$

über Satz 10c), d) und Satz 9:

$$\operatorname{card} A \leqq \operatorname{card} B \leftrightarrow \operatorname{card} A \preceq \operatorname{card} B \leftrightarrow A \preceq B,$$

$$\operatorname{card} A < \operatorname{card} B \leftrightarrow \operatorname{card} A \prec \operatorname{card} B \leftrightarrow A \prec B.$$

Satz 11c) ist eine wichtige und der Anschauung entsprechende Charakterisierung von $A \prec B$ bei endlichem B. (Für unendliches B besteht keine derartige gleichwertige Formulierung für $A \prec B$, wie wir in § 9, Abschn. 2 sehen werden.)
Satz 11d) liefert für natürliche Zahlen n, m die gewünschten Eigenschaften (und damit gleichzeitig eine zweite

Definition von $\leqq$, $<$):

$$n \leqq m \leftrightarrow A \preceq B \text{ für alle Repräsentanten } A \text{ von } n \text{ und } B \text{ von } m,$$

$$n < m \leftrightarrow A \prec B \text{ für alle Repräsentanten } A \text{ von } n \text{ und } B \text{ von } m.$$

Als Beispiel folgt daraus das DIRICHLETsche *Schubfachprinzip* der natürlichen Zahlen: Hat man n Dinge auf m Schubfächer verteilt bei $n > m$, so liegen in mindestens einem Schubfach mindestens zwei Dinge; denn sind A, B Mengen mit $n = \text{card}\, A$, $m = \text{card}\, B$ und ist f eine Funktion von A in B (eben diese Verteilung), so ist f nicht eineindeutig, da sonst $A \preceq B$ wäre, also $n \leqq m$ im Widerspruch zu $n > m$.

6. Induktive Definitionen. Induktionsaxiom (Satz 2(5)) und Induktionssatz (Satz 8) rechtfertigen die *Induktionsprinzipien* der *vollständigen* und *ordnungstheoretischen Induktion*, d. h. die Beweisverfahren der vollständigen und der ordnungstheoretischen Induktion im Bereich der natürlichen Zahlen. Man nennt deshalb Induktionsaxiom bzw. Induktionssatz auch *Rechtfertigungssatz für Beweise durch vollständige* bzw. *ordnungstheoretische Induktion* oder auch gemeinsam die *Induktionssätze.* Wir wollen jetzt entsprechende Verfahren induktiver Definitionen behandeln.

Es ist anschaulich evident, daß Existenz und eindeutige Bestimmtheit einer Funktion F über $\boldsymbol{N}$ dadurch gewährleistet sind, daß man den Wert $F(0)$ vorgibt und noch eine Vorschrift T angibt, welche für jede natürliche Zahl n gestattet, aus der Kenntnis von n und des Wertes $F(n)$ den Wert $F(n')$ zu bestimmen (*Definition durch vollständige Induktion*). Ebenso evident ist, daß Existenz und eindeutige Bestimmtheit einer Funktion F über $\boldsymbol{N}$ dadurch gewährleistet sind, daß man eine Vorschrift T angibt, welche für jede natürliche Zahl n gestattet, aus der Kenntnis von n und der Werte $F(x)$ für alle natürlichen Zahlen $x < n$ — d. h. aus der Kenntnis der auf den Abschnitt $\boldsymbol{N}(n)$ eingeschränkten Funktion F — den Wert $F(n)$ zu bestimmen (*Definition durch ordnungstheoretische Induktion*). Die anschließenden beiden Rechtfertigungssätze, deren Ursprung auf DEDEKIND zurückgeht, liefern den exakten Existenzbeweis für die Funktion F.

Satz 12 (Rechtfertigungssatz für Definitionen durch vollständige Induktion). *Für Mengen B, Elemente $b \in B$ und Funktionen T von $\boldsymbol{N} \times B$ in B gibt es genau eine Funktion F von $\boldsymbol{N}$ in B mit für beliebige $n \in \boldsymbol{N}$:*

$$F(0) = b, \qquad F(n') = T(n, F(n)).$$

Beweis. Der Beweis erfolgt aus dem PEANOschen Axiomensystem und geht auf KALMÁR zurück. B, b, T seien mit den angeführten Eigenschaften vorgegeben.

Eindeutigkeit. Es gibt höchstens eine derartige Funktion F; denn sind F_1, F_2 solche Funktionen, so gilt

$$F_1(0) = b = F_2(0),$$

und unter der Voraussetzung $F_1(n) = F_2(n)$ für ein $n \in \boldsymbol{N}$ ist auch

$$F_1(n') = T(n, F_1(n)) = T(n, F_2(n)) = F_2(n'),$$

womit durch vollständige Induktion $F_1(n) = F_2(n)$ für alle $n \in \boldsymbol{N}$ bewiesen ist, also $F_1 = F_2$.

Existenz. Da man das Beweisprinzip der vollständigen Induktion zur Verfügung hat, ergibt sich folgende Beweisidee: Man versucht durch vollständige Induktion über n nachweisen zu können, daß es für jeden Abschnitt $\boldsymbol{N}(n)$ eine gewünschte (nur auf $\boldsymbol{N}(n)$ definierte) Funktion f gibt mit also für alle natürlichen Zahlen $x < n$:

$$f(0) = b, \qquad f(x') = T(x, f(x))$$

und durch Zusammensetzung dieser Abschnittsfunktionen f zu einer gewünschten Funktion F zu gelangen.

Dabei kennt man aber bei Zugrundelegung nur des PEANOschen Axiomensystems die Relation $<$ noch nicht und muß die Abschnitte mit der Nachfolgerfunktion $'$ charakterisieren. Die Abschnitte $\boldsymbol{N}(n)$ sind offenbar genau diejenigen Mengen $A \subset \boldsymbol{N}$, welche mit jedem Nachfolger a' auch den Vorgänger a enthalten. Wir definieren also speziell für unseren Beweis: Eine Menge $A \subseteq \boldsymbol{N}$ heißt ein *Abschnitt*, falls gilt:

$$A \neq \boldsymbol{N} \wedge \forall a (a \in \boldsymbol{N} \wedge a' \in A \rightarrow a \in A).$$

Hilfssatz 1. Für jedes $n \in \boldsymbol{N}$ gibt es einen Abschnitt A und eine Funktion f von A in B mit für jedes $x \in \boldsymbol{N}$:

$$0, n \in A, \qquad n' \notin A,$$
$$f(0) = b, \qquad x' \in A \rightarrow f(x') = T(x, f(x)).$$

Beweis. Vollständige Induktion über n. Für $n = 0$ setze man

$$A = \{0\}, \qquad f = \{(0, b)\}.$$

Gibt es für eine feste natürliche Zahl n einen Abschnitt A und eine Funktion f von A in B mit für jedes $x \in \boldsymbol{N}$:

$$0, n \in A, \qquad n' \notin A,$$
$$f(0) = b, \qquad x' \in A \rightarrow f(x') = T(x, f(x)),$$

so gibt es auch einen Abschnitt A^* und eine Funktion f^* von A^* in B mit für jedes $x \in \boldsymbol{N}$:

$$0, n' \in A^*, \qquad n'' \notin A^*,$$
$$f^*(0) = b, \qquad x' \in A^* \rightarrow f^*(x') = T(x, f^*(x)).$$

Man setze

$$A^* = A \cup \{n'\},$$
$$f^* = f \cup \{(n', T(n, f(n)))\}.$$

Hilfssatz 2. A_1, A_2 seien Abschnitte, f_1 sei eine Funktion von A_1 in B, f_2 eine Funktion von A_2 in B, und es gelte für *alle* $x \in \boldsymbol{N}$:

$$0 \in A_1 \cap A_2, \quad f_1(0) = b = f_2(0),$$
$$x' \in A_1 \rightarrow f_1(x') = T(x, f_1(x)),$$
$$x' \in A_2 \rightarrow f_2(x') = T(x, f_2(x)).$$

Dann gilt für alle $x \in \boldsymbol{N}$:

$$x \in A_1 \cap A_2 \rightarrow f_1(x) = f_2(x).$$

Beweis. Vollständige Induktion über x. Für $x = 0$ ist

$$f_1(0) = b = f_2(0).$$

Gilt für eine natürliche Zahl x:

$$x \in A_1 \cap A_2 \rightarrow f_1(x) = f_2(x),$$

so gilt auch:

$$x' \in A_1 \cap A_2 \rightarrow f_1(x') = f_2(x').$$

Denn im Falle $x' \in A_1 \cap A_2$ ist $x \in A_1 \cap A_2$ und damit insgesamt:

$$f_1(x') = T(x, f_1(x)) = T(x, f_2(x)) = f_2(x').$$

Hilfssatz 3. Es gibt eine Funktion F von $\boldsymbol{N}$ *in B mit für beliebige* $n \in \boldsymbol{N}$:

$$F(0) = b, \qquad F(n') = T(n, F(n)).$$

Beweis. Nach Hilfssatz 1 existiert für jede natürliche Zahl n ein Abschnitt A und eine Funktion f von A in B mit für jedes $x \in \boldsymbol{N}$:

$$0, n \in A,$$
$$f(0) = b, \qquad x' \in A \rightarrow f(x') = T(x, f(x)).$$

Nach Hilfssatz 2 gilt bei festem n für beliebige derartige Abschnitte A_1, A_2 und Funktionen f_1, f_2:

$$f_1(n) = f_2(n).$$

Man definiere nun die Funktion F über $\boldsymbol{N}$ durch die Festsetzung: Für jedes $n \in \boldsymbol{N}$ sei $F(n) = f(n)$, wo f eine Funktion von einem Abschnitt A in B ist mit für jedes $x \in \boldsymbol{N}$:

$$0, n \in A,$$
$$f(0) = b, \qquad x' \in A \to f(x') = T(x, f(x)).$$

Dann ist F eine gewünschte Funktion. ∎

Satz 13 (Rechtfertigungssatz für Definitionen durch ordnungstheoretische Induktion). *Für Mengen B, die Menge*

$$G = \{g \mid \exists x (x \in \boldsymbol{N} \wedge g \textit{ Funktion von } \boldsymbol{N}(x) \textit{ in } B)\} = \bigcup_{x \in \boldsymbol{N}} B^{\boldsymbol{N}(x)}$$

und Funktionen T von G in B gibt es genau eine Funktion F von $\boldsymbol{N}$ in B mit für beliebige $n \in \boldsymbol{N}$:

$$F(n) = T(F \mid \boldsymbol{N}(n)),$$

wobei also $F \mid \boldsymbol{N}(n)$ die auf den Abschnitt $\boldsymbol{N}(n)$ eingeschränkte Funktion F ist.

Beweis. Der Beweis erfolgt aus den Ordnungsaxiomen für die natürlichen Zahlen. B, G, T seien mit den angeführten Eigenschaften vorgegeben.

Eindeutigkeit. Es gibt höchstens eine derartige Funktion F; denn sind F_1, F_2 solche Funktionen und gilt für eine natürliche Zahl n:

$$\forall x (x \in \boldsymbol{N}(n) \to F_1(x) = F_2(x)),$$

so gilt auch:

$$F_1(n) = T(F_1 \mid \boldsymbol{N}(n)) = T(F_2 \mid \boldsymbol{N}(n)) = F_2(n),$$

womit durch ordnungstheoretische Induktion (Satz 8) $F_1(n) = F_2(n)$ für alle $n \in \boldsymbol{N}$ bewiesen ist, also $F_1 = F_2$.

Existenz. Wir zeigen, daß es für jeden Abschnitt $\boldsymbol{N}(n)$ eine gewünschte (nur auf $\boldsymbol{N}(n)$ definierte) Funktion f

gibt mit also für alle natürlichen Zahlen $x < n$:

$$f(x) = T(f \mid \boldsymbol{N}(x))$$

und setzen diese Abschnittsfunktionen f zu einer gewünschten Funktion F zusammen.

Hilfssatz 1. Für jedes $n \in \boldsymbol{N}$ gibt es genau eine Funktion f von $\boldsymbol{N}(n)$ in B mit für beliebige $x \in \boldsymbol{N}(n)$:

$$f(x) = T(f \mid \boldsymbol{N}(x)).$$

Beweis. Es gibt zunächst für jedes $n \in \boldsymbol{N}$ höchstens eine derartige Funktion f; denn sind f_1, f_2 solche Funktionen und gilt für eine natürliche Zahl m:

$$\forall x (x \in \boldsymbol{N}(m) \,.\!\rightarrow\!.\, x \in \boldsymbol{N}(n) \rightarrow f_1(x) = f_2(x)),$$

so gilt auch

$$m \in \boldsymbol{N}(n) \rightarrow f_1(m) = T(f_1 \mid \boldsymbol{N}(m)) = T(f_2 \mid \boldsymbol{N}(m)) = f_2(m),$$

womit durch ordnungstheoretische Induktion für alle $m \in \boldsymbol{N}$ bewiesen ist:

$$m \in \boldsymbol{N}(n) \rightarrow f_1(m) = f_2(m),$$

also $f_1 = f_2$. Nun zur Existenz einer gewünschten Funktion f mittels ordnungstheoretischer Induktion über n. Für eine feste natürliche Zahl n möge für jedes $x \in \boldsymbol{N}(n)$ eine — nach dem eben Bewiesenen eindeutig bestimmte — Funktion $\langle x \rangle$ von $\boldsymbol{N}(x)$ in B existieren mit für beliebige $y \in \boldsymbol{N}(x)$:

$$\langle x \rangle(y) = T(\langle x \rangle \mid \boldsymbol{N}(y)).$$

Dann ist die Funktion f über $\boldsymbol{N}(n)$ mit

$$f(x) = T(\langle x \rangle)$$

für jedes $x \in \boldsymbol{N}(n)$ eine Funktion von $\boldsymbol{N}(n)$ in B mit für beliebige $x \in \boldsymbol{N}(n)$:

$$f(x) = T(f \mid \boldsymbol{N}(x)).$$

Hierzu ist noch für jedes $x \in \boldsymbol{N}(n)$ zu zeigen:

$$\langle x \rangle = f \mid \boldsymbol{N}(x).$$

Sind aber x, y natürliche Zahlen mit $y < x < n$, so folgt zunächst

$$\langle y \rangle = \langle x \rangle \mid \boldsymbol{N}(y)$$

aus der eindeutigen Bestimmtheit von $\langle y \rangle$ und der Tatsache, daß auch $g = \langle x \rangle \mid \boldsymbol{N}(y)$ eine Funktion von $\boldsymbol{N}(y)$ in B ist mit für beliebige $z \in \boldsymbol{N}(y)$:

$$\begin{aligned} g(z) &= \big(\langle x \rangle \mid \boldsymbol{N}(y)\big)(z) = \langle x \rangle (z) = T(\langle x \rangle \mid \boldsymbol{N}(z)) \\ &= T\big((\langle x \rangle \mid \boldsymbol{N}(y)) \mid \boldsymbol{N}(z)\big) = T(g \mid \boldsymbol{N}(z)). \end{aligned}$$

Damit gilt dann

$$\langle x \rangle (y) = T(\langle x \rangle \mid \boldsymbol{N}(y)) = T(\langle y \rangle) = f(y) = \big(f \mid \boldsymbol{N}(x)\big)(y),$$

also schließlich

$$\langle x \rangle = f \mid \boldsymbol{N}(x).$$

Hilfssatz 2. Es gibt eine Funktion F von $\boldsymbol{N}$ in B mit für beliebige $n \in \boldsymbol{N}$:

$$F(n) = T(F \mid \boldsymbol{N}(n)).$$

Beweis. Nach Hilfssatz 1 existiert für jedes $n \in \boldsymbol{N}$ die Funktion $\langle n \rangle$ von $\boldsymbol{N}(n)$ in B mit für beliebige $x \in \boldsymbol{N}(n)$:

$$\langle n \rangle (x) = T(\langle n \rangle \mid \boldsymbol{N}(x)).$$

Man definiere nun die Funktion F über $\boldsymbol{N}$ durch die Festsetzung: Für jedes $n \in \boldsymbol{N}$ sei

$$F(n) = T(\langle n \rangle).$$

Dann ist F eine Funktion von $\boldsymbol{N}$ in B mit für beliebige $n \in \boldsymbol{N}$:

$$F(n) = T(F \mid \boldsymbol{N}(n)).$$

Hierzu ist für jedes $n \in \boldsymbol{N}$ zu zeigen:

$$\langle n \rangle = F \mid \boldsymbol{N}(n).$$

Man hat aber (vgl. Beweis zu Hilfssatz 1)

$$\langle x\rangle = \langle n\rangle \mid \boldsymbol{N}(x)$$

für beliebige natürliche Zahlen $x < n$, woraus sofort

$$\langle n\rangle(x) = T(\langle n\rangle \mid \boldsymbol{N}(x)) = T(\langle x\rangle) = F(x) = \big(F \mid \boldsymbol{N}(n)\big)(x)$$

folgt, also schließlich

$$\langle n\rangle = F \mid \boldsymbol{N}(n).$$

Die Sätze 12, 13 nennt man gemeinsam auch die *Rekursionssätze*. Sie rechtfertigen die *Rekursionsprinzipien* der *vollständigen* und *ordnungstheoretischen Rekursion*, d. h. die Definitionsverfahren der vollständigen und der ordnungstheoretischen Induktion im Bereich der natürlichen Zahlen. Satz 13 ist der allgemeinste Rekursionssatz. Mit ihm erfaßt man erfahrungsgemäß alle vorkommenden Arten induktiver Definitionen (im Bereich der natürlichen Zahlen). Auch Satz 12 könnte aus Satz 13 abgeleitet werden. Die Gleichungen

$$\begin{aligned} F(0) &= b \\ F(n') &= T(n, F(n)) \end{aligned} \qquad \text{bzw.} \quad F(n) = T(F \mid \boldsymbol{N}(n))$$

der Sätze 12 bzw. 13 heißen die *Rekursionsgleichungen* bzw. die *Rekursionsgleichung* der durch sie *rekursiv definierten* Funktion F, T heißt in beiden Fällen die *Rekursionsvorschrift* für F, b im ersten Fall der *Rekursionsanfang*. Die Rekursionsgleichungen liefern unmittelbar keine mengentheoretische Definition von F. Es kommt ja F auf beiden Seiten der Gleichungen vor, und man kann die Werte von F nur sukzessiv aus bereits bekannten Werten von F bestimmen. Die Rekursionsgleichungen liefern in diesem Sinne zunächst eine nur anschaulich gerechtfertigte „implizite Definition" von F. Aber die Rekursionssätze sichern gerade die eindeutige Existenz einer die Rekursionsgleichungen erfüllenden Funktion F, wobei die Beweise darin bestehen, die implizite Definition von F in eine „explizite Definition" zu verwandeln, d. h.

in eine einwandfreie mengentheoretische Definition von F, bei der also F nicht zu seiner eigenen Definition verwendet wird. Die Rekursionssätze finden in der Mathematik laufend Anwendung. Im nächsten Abschnitt werden wir erste Anwendungen von Satz 12 kennenlernen.

7. Die arithmetischen Operationen. Nachdem wir bisher ausführlich Definition und daraus resultierende Grundeigenschaften der natürlichen Zahlen in bezug auf Null, Nachfolgerfunktion und Anordnungsbeziehung studiert haben, wollen wir von jetzt an den Betrachtungen über natürliche Zahlen ausschließlich das PEANOsche Axiomensystem zugrunde legen. Wir setzen also von den natürlichen Zahlen nur als bekannt voraus, daß $\boldsymbol{N}$ eine Menge ist, 0 ein Objekt und $'$ eine Funktion über $\boldsymbol{N}$, so daß für $\boldsymbol{N}$, 0, $'$ die fünf PEANO-Axiome (1)—(5) aus Satz 2 gelten. Dieses Vorgehen entspricht der am weitesten verbreiteten Behandlung der natürlichen Zahlen, wobei man meistens sogar auf eine streng mengentheoretische Definition der Grundbegriffe $\boldsymbol{N}$, 0, $'$ verzichtet und einfach annimmt, daß es Anzahlen endlicher Mengen gibt, für die dann die PEANOschen Axiome gelten. Wir hätten uns von Satz 2 an ebenfalls auf das PEANOsche Axiomensystem beschränken können, haben dies aber mit Absicht nicht getan, um die verschiedenen möglichen Aspekte des Ansatzes einer Theorie des Anzahlbegriffes aufzuzeigen. Im folgenden soll der Ansatz einer Theorie der natürlichen Zahlen auf der Grundlage der PEANOschen Axiome skizziert werden. Im Mittelpunkt stehen die arithmetischen Operationen.

Die Elemente von $\boldsymbol{N}$ heißen die *natürlichen Zahlen*, 0 ist die *Null* und $'$ die *Nachfolgerfunktion*. Für jedes $n \in \boldsymbol{N}$ heißt n' der *Nachfolger* von n und heißt ein $x \in \boldsymbol{N}$ mit $x' = n$ ein *Vorgänger* von n, der im Falle seiner Existenz eindeutig bestimmt ist. Man definiere sukzessiv:

$$1 = 0', \ 2 = 1', \quad 3 = 2', \ldots,$$

wobei dann 0, 1, 2, 3, ... die anschaulich angenommenen Elementeanzahlen entsprechender im anschaulichen Sinne endlicher Mengen seien. Aus den PEANOschen Axiomen läßt sich Satz 3 ableiten; d. h. für jedes $n \in \boldsymbol{N}$ gilt:

$$n \neq 0 \rightarrow \exists x(x \in \boldsymbol{N} \wedge x' = n).$$

Die Null ist damit die einzige natürliche Zahl ohne Vorgänger. Weiter gilt Satz 12, der Rechtfertigungssatz für Definitionen durch vollständige Induktion, der die Definition der arithmetischen Operationen Addition, Multiplikation und Potenzierung ermöglicht.

Das Addieren einer natürlichen Zahl b zu einer natürlichen Zahl a soll das b-malige Addieren von 1 zu a bedeuten, wobei Addition von 1 gleichbedeutend mit dem Übergang zum Nachfolger sei. Es soll also für beliebige $a \in \boldsymbol{N}$ sein:

$$a + 0 = a, \quad a + 1 = (a + 0) + 1,$$
$$a + 2 = (a + 1) + 1, \quad a + 3 = (a + 2) + 1, \ldots,$$

also

$$a + 0 = a, \quad a + 0' = (a + 0)',$$
$$a + 1' = (a + 1)', \quad a + 2' = (a + 2)', \ldots,$$

also für beliebige $a, n \in \boldsymbol{N}$:

$$a + 0 = a, \quad a + n' = (a + n)'.$$

Durch diese beiden Gleichungen liegt stets für konkret vorgegebene Zahlen $a, b \in \boldsymbol{N}$ fest, welche der Zahlen 0, 1, 2, 3, ... die Summe $a + b$ ist; z. B. ist

$$2 + 3 = 2 + 2' = (2 + 2)' = (2 + 1')' = (2 + 1)''$$
$$= (2 + 0')'' = (2 + 0)''' = 2''' = 5.$$

Rein anschaulich ist damit für beliebige natürliche Zahlen a, b die Summe $a + b$ hinreichend definiert. Aber es fehlt noch die exakte Definition dieser allgemeinen

Summe $a + b$, d. h. die Angabe eines den Term $a + b$ definierenden mengentheoretischen Termes. Eine solche Summendefinition braucht man, da sonst im Rahmen der axiomatischen Mengenlehre überhaupt keine allgemeinen Sätze über die Addition natürlicher Zahlen formuliert und bewiesen werden könnten wie etwa das kommutative Gesetz:

$$\forall a \, \forall b (a, b \in \boldsymbol{N} \to a + b = b + a).$$

Mit Satz 12 erhalten wir aber den

Satz 14. *Es gibt genau eine Operation O in $\boldsymbol{N}$ mit für beliebige* $a, n \in \boldsymbol{N}$:

$$a O 0 = a, \qquad a O n' = (a O n)'.$$

Beweis. Eindeutigkeit. Sind O_1, O_2 solche Operationen, so erhält man bei festem $a \in \boldsymbol{N}$ durch vollständige Induktion über n:

$$a O_1 n = a O_2 n \quad \text{für alle} \quad n \in \boldsymbol{N},$$

womit $O_1 = O_2$ ist.

Existenz. Ist $a \in \boldsymbol{N}$ und T die Funktion von $\boldsymbol{N} \times \boldsymbol{N}$ in $\boldsymbol{N}$ mit für beliebige $n, m \in \boldsymbol{N}$:

$$T(n, m) = m',$$

so existiert nach Satz 12 genau eine Funktion F von $\boldsymbol{N}$ in $\boldsymbol{N}$ mit für beliebige $n \in \boldsymbol{N}$:

$$F(0) = a, \quad F(n') = T(n, F(n)) = F(n)';$$

diese Funktion F werde mit $\langle a \rangle$ bezeichnet. Die Operation O in $\boldsymbol{N}$ mit für beliebige $a, n \in \boldsymbol{N}$:

$$a O n = \langle a \rangle (n)$$

ist dann eine gewünschte Operation.

Definition 8. Die *Addition* $+$ (gelesen: *plus*) natürlicher Zahlen sei diejenige Operation O in $\boldsymbol{N}$ mit für beliebige $a, n \in \boldsymbol{N}$:

$$a O 0 = a, \quad a O n' = (a O n)'.$$

Für jedes $a, b \in \boldsymbol{N}$ heißt der Wert $a + b = +(a, b)$ die *Summe* von a, b.
Für die Operation $+$ gilt also bei $a, n \in \boldsymbol{N}$:

$$a + 0 = a, \quad a + n' = (a + n)'$$

(*Rekursionsgleichungen der Addition*)

und speziell

$$a + 1 = (a + 0)' = a',$$

so daß man für a' gleichwertig $a + 1$ verwenden kann. Auf Grund der bestehenden Rekursionsgleichungen beweist man induktiv die üblichen Rechengesetze der Addition, etwa bei $a, b, c \in \boldsymbol{N}$:

$$(a + b) + c = a + (b + c) \quad (\textit{Assoziativität}),$$

$$a + b = b + a \quad (\textit{Kommutativität}).$$

Es liegt nahe, die Ordnungsbeziehungen $\leqq$ und $<$ über die Addition folgendermaßen einzuführen bei $a, b \in \boldsymbol{N}$:

$$a \leqq b \leftrightarrow \exists x (x \in \boldsymbol{N} \wedge a + x = b),$$

$$a < b \leftrightarrow \exists x (x \in \boldsymbol{N} \wedge x \neq 0 \wedge a + x = b).$$

Man kann dann für diese Relationen $\leqq, <$ in $\boldsymbol{N}$ zeigen:

$$a \leqq b \leftrightarrow a < b \vee a = b, \quad a < b \leftrightarrow a \leqq b \wedge a \neq b,$$

die Eigenschaften (1')–(6') aus Satz 7 (womit auch (1'')–(4'') hinter Satz 7 gelten) und

$$a' = \iota x (x \in \boldsymbol{N} \wedge a < x \wedge \forall y (y \in \boldsymbol{N} \wedge a < y \rightarrow x \leqq y)).$$

Schließlich beweist man, daß es in $\boldsymbol{N}$ höchstens eine reflexive Wohlordnung R ohne letztes Element gibt, deren Nachfolgerbegriff mit a' übereinstimmt, d. h. höchstens eine Relation R in $\boldsymbol{N}$ mit bei $a, b, c \in \boldsymbol{N}$, $M \subseteq \boldsymbol{N}$:

$$\begin{aligned}
&aRa, \\
&aRb \wedge bRc \rightarrow aRc, \\
&aRb \wedge bRa \rightarrow a = b, \\
&aRb \vee bRa, \\
&M \neq \emptyset \rightarrow \exists x\,(x \in M \wedge \forall y\,(y \in M \rightarrow xRy)), \\
&\exists x\,(x \in \boldsymbol{N} \wedge aRx \wedge a \neq x), \\
&a' = \iota x\,(x \in \boldsymbol{N} \wedge aRx \wedge a \neq x \wedge \\
&\qquad\qquad \forall y\,(y \in \boldsymbol{N} \wedge aRy \wedge a \neq y \rightarrow xRy)).
\end{aligned}$$

Damit fällt dann bei Berücksichtigung der Definition von $\boldsymbol{N}$ (Definition 2) die eben eingeführte Relation $\leqq$ mit der früheren Relation $\leqq$ aus Definition 6 zusammen; über die gegenseitige Definierbarkeit von $\leqq$, $<$ fallen auch die beiden Relationen $<$ zusammen. Da wir alle Betrachtungen im Rahmen des Peanoschen Axiomensystems anstellen wollen, sind hinfort nur die obigen additiven Definitionen von $\leqq$, $<$ zu verwenden. In Verbindung mit der Addition gilt für $a, b, c \in \boldsymbol{N}$:

$$a < b \rightarrow a + c < b + c \qquad (\textit{Monotonie}),$$

woraus weiter folgt:

$$\begin{aligned}
a = b &\leftrightarrow a + c = b + c, \\
a \leqq b &\leftrightarrow a + c \leqq b + c, \\
a < b &\leftrightarrow a + c < b + c.
\end{aligned}$$

Man hat jetzt auch zur Verfügung den Abschnittsbegriff bei $n \in \boldsymbol{N}$:

$$\boldsymbol{N}(n) = \{x \in \boldsymbol{N} \mid x < n\},$$

Satz 8, den Induktionssatz, und Satz 13, den Rechtfertigungssatz für Definitionen durch ordnungstheoretische Induktion. Es gilt offenbar:

$$\begin{aligned}
\boldsymbol{N}(n) = \boldsymbol{N}(m) &\leftrightarrow n = m, \\
\boldsymbol{N}(n) \subseteq \boldsymbol{N}(m) &\leftrightarrow n \leqq m, \\
\boldsymbol{N}(n) \subset \boldsymbol{N}(m) &\leftrightarrow n < m, \\
\boldsymbol{N}(n + 1) &= \boldsymbol{N}(n) \cup \{n\}.
\end{aligned}$$

Man zeigt mit dem Beweisverfahren von Satz 4:

$$\mathbf{N}(n) \sim \mathbf{N}(m) \leftrightarrow n = m,$$

womit man Mengen A als *endlich* definieren kann, sofern sie einem Abschnitt $\mathbf{N}(n)$ gleichmächtig sind, und wobei dann card A für endliches A diejenige natürliche Zahl n sei mit

$$A \sim \mathbf{N}(n).$$

Dies stimmt alles mit der Anschauung und wegen $n = \mathbf{N}(n)$ (vgl. hinter Definition 6) mit den früheren Definitionen überein. Man erhält wieder für endliche Mengen A, B und Objekte $a \notin A$:

$$\operatorname{card} A = \operatorname{card} B \leftrightarrow A \sim B,$$

$$\operatorname{card} \emptyset = 0, \qquad \operatorname{card} (A \cup \{a\}) = (\operatorname{card} A)'.$$

Mit dem Beweisverfahren von Satz 10 ergibt sich für beliebige $n, m \in \mathbf{N}$ und Mengen X:

$$X \subseteq \mathbf{N}(n) \rightarrow X \text{ endlich},$$

$$X \subset \mathbf{N}(n) \rightarrow X \prec \mathbf{N}(n),$$

$$\mathbf{N}(n) \preceq \mathbf{N}(m) \leftrightarrow n \leqq m,$$

$$\mathbf{N}(n) \prec \mathbf{N}(m) \leftrightarrow n < m,$$

woraus wieder Satz 11 folgt, also speziell für endliche Mengen A, B:

$$\operatorname{card} A \leqq \operatorname{card} B \leftrightarrow A \preceq B,$$

$$\operatorname{card} A < \operatorname{card} B \leftrightarrow A \prec B$$

und damit für natürliche Zahlen n, m (gleichzeitig eine zweite Definition von $\leqq$, $<$):

$$n \leqq m \leftrightarrow A \preceq B \quad \textit{für alle Repräsentanten } A \textit{ von } n \textit{ und } B \textit{ von } m,$$

$$n < m \leftrightarrow A \prec B \quad \textit{für alle Repräsentanten } A \textit{ von } n \textit{ und } B \textit{ von } m.$$

Die Wichtigkeit der bisher inhaltlich nur an den natürlichen Zahlen selbst orientierten Addition $+$ besteht darin, daß sie die von der Anschauung her geläufige Anzahlbestimmung bei Vereinigung disjunkter endlicher Mengen repräsentantenfrei wiedergibt (vgl. Satz 16). Nützlich für die weiteren Betrachtungen ist zunächst der

Satz 15. *Für Mengen A, A', B, B' und Mengenfamilien $(C_i)_{i\in I}$, $(C'_i)_{i\in I}$ mit $A \sim A'$, $B \sim B'$ und $C_i \sim C'_i$ für alle $i \in I$ gilt:*

a) $A \cap B = A' \cap B' = \emptyset \rightarrow A \cup B \sim A' \cup B'$,

b) $A' \cap B' = \emptyset \rightarrow A \cup B \leq A' \cup B'$,

c) $B \times A \sim A \times B \sim A' \times B'$,
$A^B \sim A'^{B'}$, $\mathfrak{P} A \sim \mathfrak{P} A'$,

d) $\forall i \, \forall j \, (i, j \in I \wedge i \neq j \rightarrow C_i \cap C_j = C'_i \cap C'_j = \emptyset) \rightarrow$
$\bigcup_{i \in I} C_i \sim \bigcup_{i \in I} C'_i$,

e) $\forall i \, \forall j \, (i, j \in I \wedge i \neq j \rightarrow C'_i \cap C'_j = \emptyset) \rightarrow$
$\bigcup_{i \in I} C_i \leq \bigcup_{i \in I} C'_i$,

f) $\bigtimes_{i \in I} C_i \sim \bigtimes_{i \in I} C'_i$.

Beweis. Es sei f bzw. g eine eineindeutige Abbildung von A auf A' bzw. von B auf B' und h_i für jedes $i \in I$ eine eineindeutige Abbildung von C_i auf C'_i. Eine Funktion h über I, welche jedem Index $i \in I$ eine eineindeutige Abbildung $h_i = h(i)$ von C_i auf C'_i zuordnet, erhält man dabei folgendermaßen: Ist H die Abbildung über I mit für jedes $i \in I$:

$$H \langle\langle i \rangle\rangle = \{k \mid k \text{ eineindeutige Abbildung von } C_i \text{ auf } C'_i\},$$

so leistet jede über das Auswahlaxiom und Satz 2, § 4 existierende Auswahlfunktion h von H das Gewünschte.

a) Unter der Voraussetzung $A \cap B = A' \cap B' = \emptyset$ ist $F = f \cup g$ eine eineindeutige Abbildung von $A \cup B$ auf $A' \cup B'$.

b) Unter der Voraussetzung $A' \cap B' = \emptyset$ ist jede Auswahlfunktion F der Abbildung $f \cup g$ eine eineindeutige Abbildung von $A \cup B$ in $A' \cup B'$.

c) Die Funktion F über $A \times B$ mit

$$F(x, y) = (f(x), g(y))$$

für alle $x \in A$ und alle $y \in B$ ist eine eineindeutige Abbildung von $A \times B$ auf $A' \times B'$ und die Funktion

$$F(x, y) = (y, x)$$

über $A \times B$ eine eineindeutige Abbildung von $A \times B$ auf $B \times A$. Die Funktion F über A^B mit für jede Funktion $(x_i)_{i \in B}$ von B in A:

$$F\big((x_i)_{i \in B}\big) = \big(f(x_{g^{-1}(i')})\big)_{i' \in B'},$$

ist eine eineindeutige Abbildung von A^B auf $A'^{B'}$ und die Funktion

$$F(X) = f\langle X \rangle$$

über $\mathfrak{P}A$ eine eineindeutige Abbildung von $\mathfrak{P}A$ auf $\mathfrak{P}A'$.

d) Unter der vorausgesetzten Disjunktheit der Familien C, C' ist $F = \bigcup_{i \in I} h_i$ eine eineindeutige Abbildung von $\bigcup_{i \in I} C_i$ auf $\bigcup_{i \in I} C'_i$.

e) Unter der vorausgesetzten Disjunktheit von C' ist jede Auswahlfunktion F der Abbildung $\bigcup_{i \in I} h_i$ eine eineindeutige Abbildung von $\bigcup_{i \in I} C_i$ in $\bigcup_{i \in I} C'_i$.

f) Die Funktion F über $\bigtimes_{i \in I} C_i$ mit für jede Funktion $(x_i)_{i \in I}$ bei stets $x_i \in C_i$:

$$F\big((x_i)_{i \in I}\big) = \big(h_i(x_i)\big)_{i \in I}$$

ist eine eineindeutige Abbildung von $\bigtimes_{i \in I} C_i$ auf $\bigtimes_{i \in I} C'_i$.

Satz 16. *Für $n, m \in \boldsymbol{N}$ und endliche Mengen A, B gilt*:

a) $\boldsymbol{N}(m) \sim \{x \in \boldsymbol{N} \mid n \leqq x < n + m\} = \boldsymbol{N}(n + m) \setminus \boldsymbol{N}(n)$,

b) $A \cap B = \emptyset \rightarrow \text{card } (A \cup B) = \text{card } A + \text{card } B$.

Beweis. a) Unter Verwendung der Rechengesetze für $+$, $\leqq$ ist für vorgegebene natürliche Zahlen n, m die Funktion f über $\boldsymbol{N}(m)$ mit $f(x) = n + x$ für alle $x \in \boldsymbol{N}(m)$, kurz: die Funktion

$$f(x) = n + x \text{ über } \boldsymbol{N}(m),$$

eine eineindeutige Abbildung von $\boldsymbol{N}(m)$ auf $\boldsymbol{N}(n + m) \setminus \boldsymbol{N}(n)$. Denn zunächst ist $0 \leqq x < m$ für jedes $x \in \boldsymbol{N}(m)$ und damit

$$n = n + 0 \leqq n + x < n + m,$$

also

$$n \leqq f(x) < n + m, \qquad f(x) \in \boldsymbol{N}(n + m) \setminus \boldsymbol{N}(n);$$

damit ist f eine Funktion von $\boldsymbol{N}(m)$ in $\boldsymbol{N}(n + m) \setminus \boldsymbol{N}(n)$. f ist eine Funktion auf $\boldsymbol{N}(n + m) \setminus \boldsymbol{N}(n)$; denn für jede natürliche Zahl y mit $n \leqq y < n + m$ gibt es eine natürliche Zahl x mit $n + x = y$ und damit

$$n = n + 0 \leqq n + x < n + m,$$

woraus $0 \leqq x < m$ folgt, also $y = f(x)$ für dieses $x \in \boldsymbol{N}(m)$. Schließlich ist f umkehrbar; denn für beliebige $x_1, x_2 \in \boldsymbol{N}(m)$ gilt:

$$f(x_1) = f(x_2) \rightarrow n + x_1 = n + x_2 \rightarrow x_1 = x_2.$$

b) Für endliche Mengen A, B mit $A \cap B = \emptyset$ und

$$n = \text{card } A, \qquad m = \text{card } B$$

gilt über a):

$$A \sim \boldsymbol{N}(n), \qquad B \sim \boldsymbol{N}(m) \sim \boldsymbol{N}(n + m) \setminus \boldsymbol{N}(n),$$

also nach Satz 15a):

$$A \cup B \sim \boldsymbol{N}(n) \cup \big(\boldsymbol{N}(n + m) \setminus \boldsymbol{N}(n)\big) = \boldsymbol{N}(n + m),$$

womit $A \cup B$ endlich ist bei

$$\mathrm{card}\,(A \cup B) = n + m = \mathrm{card}\,A + \mathrm{card}\,B\,.$$

Satz 16 b) liefert für natürliche Zahlen n, m die gewünschte Eigenschaft (und gleichzeitig eine zweite Definition von $+$):

$$n + m = \mathrm{card}\,(A \cup B) \textit{ für alle Repräsentanten } A \textit{ von } n \textit{ und } B \textit{ von } m \textit{ mit } A \cap B = \emptyset\,.$$

Der Beweis von Satz 16 b) ergibt für Mengen A, B:

$$A, B \textit{ endlich} \to A \cup B \textit{ endlich};$$

denn dies gilt zunächst für disjunkte A, B, woraus aber wegen

$$A \cup B = A \cup (B \setminus A)$$

bei

$$A \cap (B \setminus A) = \emptyset\,, \quad B \setminus A \subseteq B$$

über Satz 11 a) der allgemeine Fall folgt.

Nach demselben Verfahren der rekursiven Einführung der Addition natürlicher Zahlen definiert man mit Satz 12 die *Multiplikation* $\cdot$ (gelesen: *mal*) natürlicher Zahlen als diejenige Operation O in $\boldsymbol{N}$ mit für beliebige $a, n \in \boldsymbol{N}$:

$$aO0 = 0\,, \quad aOn' = (aOn) + a$$

und die *Potenzierung* P als diejenige Operation O in $\boldsymbol{N}$ mit für beliebige $a, n \in \boldsymbol{N}$:

$$aO0 = 1\,, \quad aOn' = (aOn) \cdot a\,,$$

wobei man a^n (gelesen: *a hoch n*) für $P(a, n)$ und auch an (gelesen: a, n) für $a \cdot n$ schreibt. (Man bemerkt, daß bei den bisherigen Anwendungen von Satz 12 stets die erste Variable n in der Funktion T entbehrlich war. Man kann aber trotzdem nicht auf sie verzichten, wie etwa die Rekursionsgleichungen

$$0! = 1\,, \quad (n + 1)! = n!\,(n + 1)$$

der Fakultät zeigen.) Für $a, b \in \boldsymbol{N}$ heißt der Wert $a \cdot b$ bzw. a^b das *Produkt* bzw. die *Potenz* von a, b, und es gilt bei $a, n \in \boldsymbol{N}$:

$$a \cdot 0 = 0, \qquad a \cdot n' = (a \cdot n) + a$$

(*Rekursionsgleichungen der Multiplikation*),

$$a^0 = 1, \quad a^{(n')} = (a^n) \cdot a$$

(*Rekursionsgleichungen der Potenzierung*).

Multiplikation bedeutet mehrmalige Addition desselben Summanden, Potenzierung mehrmalige Multiplikation desselben Faktors. Auf Grund der bestehenden Rekursionsgleichungen erhält man induktiv die üblichen Rechengesetze. Für $a, b \in \boldsymbol{N}$ mit $b \leqq a$ existiert genau ein $x \in \boldsymbol{N}$ mit $b + x = a$, die *Differenz* $a - b$ (gelesen: *a minus b*) von a, b; im Falle $b' = a$ ist $b = a - 1$. Gibt es für $a, b \in \boldsymbol{N}$ bei $b \neq 0$ ein $x \in \boldsymbol{N}$ mit $b \cdot x = a$, so existiert genau ein solches x, der *Quotient* $a : b$ oder $\frac{a}{b}$ (beides gelesen: *a durch b*) von a, b. Die Funktion

$$S(a, b) = a - b \quad \text{bzw.} \quad D(a, b) = a : b$$

über der Menge aller Paare (a, b) natürlicher Zahlen a, b mit $b \leqq a$ bzw. mit $b \neq 0$ und $b \cdot x = a$ für ein $x \in \boldsymbol{N}$ ist die *Subtraktion* bzw. *Division* natürlicher Zahlen. S, D sind im strengen Sinne keine Operationen in $\boldsymbol{N}$, da ihr Definitionsbereich nicht $\boldsymbol{N} \times \boldsymbol{N}$ ist. Zur Klammereinsparung sollen $+$, $-$ stärker trennen als $\cdot$, $:$ und Variablenhochstellung (Potenzschreibweise) und sollen $\cdot$, $:$ stärker trennen als Variablenhochstellung. Ähnlich wie zwischen Addition und Vereinigung endlicher Mengen ergeben sich gewünschte Zusammenhänge zwischen Multiplikation, Potenzierung, Subtraktion und Division einerseits und kartesischem Produkt (Definition 2, § 2), Mengenpotenz (Definition 5, § 5), Differenz (Definition 6, § 1) und Quotient (Definition 2, § 6) bzw. Zerlegung (§ 6, Abschn. 3) endlicher Mengen andererseits: Für endliche Mengen A, B, Äquivalenzrelationen R in A und $K \in A/R$ gilt:

$$\text{card}\,(A \times B) = \text{card}\,A \cdot \text{card}\,B,$$

$$\text{card}\,(A^B) = (\text{card}\,A)^{\text{card}\,B},$$

$$B \subseteq A \rightarrow \text{card}\,(A \setminus B) = \text{card}\,A - \text{card}\,B,$$

$$\forall X \forall Y (X, Y \in A / R \rightarrow X \sim Y) \rightarrow \text{card}\,(A / R) = \text{card}\,A : \text{card}\,K;$$

für natürliche Zahlen n, m gilt:

$n \cdot m = \text{card}\,(A \times B)$ *für alle Repräsentanten A von n und B von m,*

$n^m = \text{card}\,(A^B)$ *für alle Repräsentanten A von n und B von m,*

$m \leqq n \rightarrow n - m = \text{card}\,(A \setminus B)$ *für alle Repräsentanten A von n und B von m mit $B \subseteq A$,*

$m \neq 0 \wedge \exists x (x \in \mathbf{N} \wedge m \cdot x = n) \rightarrow$
$n : m = \text{card}\,(A / R)$ *für alle Repräsentanten A von n und Äquivalenzrelationen R in A, deren Restklassen Repräsentanten von m sind.*

Anzahlbestimmungen endlicher Mengen gehören zur Kombinatorik und fallen nicht in den Rahmen unserer Ausführungen.

Soweit zum skizzierten Ansatz einer Theorie der natürlichen Zahlen auf der Grundlage der PEANOschen Axiome. Auch allen weiteren Betrachtungen über natürliche Zahlen liege ausschließlich das PEANOsche Axiomensystem zugrunde.

8. Folgen. In der Mathematik spielen Funktionen mit $\mathbf{N}$ als Definitionsbereich eine wichtige Rolle. Als Beispiel läßt sich — unter Vorwegnahme der reellen Zahlen —

jede reelle Zahl durch rationale Zahlen beliebig genau approximieren. Für die Zahl π hat man als approximierende rationale Zahlen etwa

$$r_0 = 3, \quad r_1 = 3{,}1, \quad r_2 = 3{,}14, \quad r_3 = 3{,}141,$$
$$r_4 = 3{,}1415, \ \ldots,$$

wobei die Aufeinanderfolge dieser rationalen Zahlen nach vorhandenen konstruktiven Verfahren unbegrenzt fortgesetzt werden kann. Es liegt also eine Funktion $(r_n)_{n \in \boldsymbol{N}}$ von $\boldsymbol{N}$ in die Menge der rationalen Zahlen derart vor, daß stets

$$r_n \leqq \pi, \quad \pi - r_n < 10^{-n}$$

gilt und π somit schrittweise beliebig genau berechenbar ist. Auf diese Weise bilden Funktionen r über $\boldsymbol{N}$ mit rationalen Werten einen wichtigen Grundbegriff im Zusammenhang mit Berechnungsfragen. Außerdem werden solche Funktionen in § 8 zur Definition der reellen Zahlen verwendet. Wir definieren allgemein:

Definition 9. Eine (*unendliche*) *Folge* ist eine Funktion über $\boldsymbol{N}$; eine (*unendliche*) *Folge in* der Menge A ist eine Funktion von $\boldsymbol{N}$ in A. Die Werte einer Folge a heißen die *Folgenglieder* von a; speziell heißt $a(n)$ bei $n \in \boldsymbol{N}$ das *Folgenglied von a mit dem Index n*, auch das *n-te (Folgen-)Glied von a*.

Folgen sind Elementefamilien, so daß alle Vereinbarungen über Familien auch auf Folgen zutreffen (Indexschreibweise, Termschreibweise; vgl. § 5, Abschn. 1). Für eine Folge a schreibt man also auch:

$$(a_n)_{n \in \boldsymbol{N}}, \qquad (\mathbf{T}_n)_{n \in \boldsymbol{N}},$$

wo $\mathbf{T}_n$ ein den Wert $a(n)$ bezeichnender mengentheoretischer Term ist; für „$n \in \boldsymbol{N}$" setzt man auch „$n < \infty$" (gelesen: n *kleiner unendlich*), also:

$$(a_n)_{n < \infty}, \qquad (\mathbf{T}_n)_{n < \infty};$$

sind keine Verwechslungen zu befürchten, so schreibt man einfach:

$$(a_n), \qquad (\mathbf{T}_n).$$

Man schreibt gelegentlich für die Folge a anschaulich:

$$(a_0, a_1, a_2, \ldots)$$

und läßt dann für mit a zusammenhängende Begriffe wie

$$\{a_n\}_{n \in \boldsymbol{N}}, \qquad \bigcup_{n \in \boldsymbol{N}} a_n, \qquad \bigcap_{n \in \boldsymbol{N}} a_n$$

(falls a bei $\bigcup, \bigcap$ eine Mengenfolge ist; d. h. die a_n sind Mengen) ebenfalls die Schreibweisen zu:

$$\{a_0, a_1, a_2, \ldots\}, \; a_0 \cup a_1 \cup a_2 \cup \ldots, \; a_0 \cap a_1 \cap a_2 \cap \ldots;$$

auch:

$$\bigcup_{n=0}^{\infty} a_n \text{ (gelesen: } \textit{Vereinigung } a_n, \quad n = 0 \textit{ bis } \infty),$$

$$\bigcap_{n=0}^{\infty} a_n \text{ (gelesen: } \textit{Durchschnitt } a_n, \quad n = 0 \textit{ bis } \infty).$$

Da innerhalb $\boldsymbol{N}$ der sukzessive Übergang vom Vorgänger n zum Nachfolger $n + 1$ genau den von der Anschauung her geläufigen Abzählprozeß wiedergibt, ist die Bezeichnung „Folge" gerechtfertigt. Folgen sind eben unter Vermittlung ihres Definitionsbereiches $\boldsymbol{N}$ Aufeinanderfolgen, Aufzählungen, Abzählungen, Durchnumerierungen der Elemente ihres Wertebereiches (i. a. mit Wiederholung).

Wir wollen noch einige nützliche Begriffe einführen.

Definition 10. Es sei $M \subseteq \boldsymbol{N}$: M heißt *beschränkt*, falls es ein $n \in \boldsymbol{N}$ gibt mit $x \leqq n$ für alle $x \in M$; andernfalls heißt M *unbeschränkt*. Gibt es ein $x \in M$ mit $x \leqq y$ für alle $y \in M$, so heißt

$$\iota x\,(x \in M \wedge \forall y\,(y \in M \rightarrow x \leqq y))$$

das *kleinste* (*erste*) *Element* von M oder die *kleinste* (*erste*) *Zahl* von M oder das *Minimum* von M, bezeichnet mit:

min M. Gibt es ein $x \in M$ mit $y \leqq x$ für alle $y \in M$, so heißt

$$\iota x\,(x \in M \wedge \forall y\,(y \in M \rightarrow y \leqq x))$$

das *größte (letzte) Element* von M oder die *größte (letzte) Zahl* von M oder das *Maximum* von M, bezeichnet mit: max M.

Für Mengen M natürlicher Zahlen gilt dann:

$$M \textit{ beschränkt} \leftrightarrow \exists n\,(n \in \boldsymbol{N} \wedge M \subseteq \boldsymbol{N}(n)),$$

$$M \textit{ unbeschränkt} \leftrightarrow \forall n\, \exists x\,(n \in \boldsymbol{N} \rightarrow x \in M \wedge n < x),$$

$$M \neq \emptyset \rightarrow \exists m\; m = \min M$$

(*Prinzip der kleinsten Zahl*),

$$\boldsymbol{N} \textit{ unbeschränkt}, \qquad 0 = \min \boldsymbol{N},$$

$$\forall n\,(n \in \boldsymbol{N} \rightarrow n' = \min\{x \in \boldsymbol{N} \mid n < x\}).$$

Bei Berücksichtigung der Definition von $\boldsymbol{N}$ (Definition 2) fällt $\leqq$ in $\boldsymbol{N}$ mit $\subseteq$ zusammen, und min M, max M sind damit im Existenzfall gleichzeitig das Minimum und Maximum des Mengensystems $M \subseteq \boldsymbol{N}$ (Definition 2, Bd. I, § 5).

Satz 17. *Für Mengen $M \subseteq \boldsymbol{N}$ gilt:*

a) M *beschränkt* $\leftrightarrow$ M *endlich*,
M *unbeschränkt* $\leftrightarrow$ M *unendlich*,

b) $M \neq \emptyset \wedge M \textit{ beschränkt} \rightarrow \exists m\; m = \max M$
(*Prinzip der größten Zahl*),

c) $M \textit{ beschränkt} \leftrightarrow M = \emptyset \vee \exists m\; m = \max M,$
$M \textit{ unbeschränkt} \leftrightarrow M \neq \emptyset$
$\wedge \forall x\, \exists y\,(x \in M \rightarrow x < y \in M).$

Beweis. M sei eine Menge natürlicher Zahlen.

a) Ist M beschränkt, so $M \subseteq \boldsymbol{N}(n)$ für ein $n \in \boldsymbol{N}$, also M endlich nach Satz 11a). Ist umgekehrt M endlich, so gibt es ein $n \in \boldsymbol{N}$ mit $M \sim \boldsymbol{N}(n)$. Wir zeigen durch vollständige Induktion über n: Ist X eine Menge natürlicher Zahlen mit $X \sim \boldsymbol{N}(n)$, so ist X beschränkt. Ist $X \subseteq \boldsymbol{N}$ mit $X \sim \boldsymbol{N}(0)$, so ist $X = \emptyset \subseteq \boldsymbol{N}(0)$, also X beschränkt. Gilt bei festem $n \in \boldsymbol{N}$ für alle $X \subseteq \boldsymbol{N}$:

$$X \sim \boldsymbol{N}(n) \rightarrow X \textit{ beschränkt},$$

so gilt auch für alle $X \subseteq \boldsymbol{N}$:

$$X \sim \boldsymbol{N}(n+1) \rightarrow X \textit{ beschränkt}.$$

Denn ist f eine eineindeutige Abbildung von $X \subseteq \boldsymbol{N}$ auf $\boldsymbol{N}(n+1) = \boldsymbol{N}(n) \cup \{n\}$, so ist $f \mid X'$ bei $X' = X \setminus \{f^{-1}(n)\}$ eine eineindeutige Abbildung von X' auf $\boldsymbol{N}(n)$, also $X' \sim \boldsymbol{N}(n)$, womit nach Induktionsvoraussetzung X' beschränkt ist; es existiert also ein $m \in \boldsymbol{N}$ mit $x \leqq m$ für alle $x \in X'$, woraus wegen dann

$$x \leqq \max\{m, f^{-1}(n)\} \text{ für alle } x \in X = X' \cup \{f^{-1}(n)\}$$

die Beschränktheit von X folgt.

b) Sei M nichtleer und beschränkt und m die kleinste natürliche Zahl n mit $x \leqq n$ für alle $x \in M$. Dann ist $m = \max M$. Hierfür ist nur noch $m \in M$ zu zeigen. Wäre aber $m \notin M$, so wäre $x < m$ für alle $x \in M$ und damit wegen $M \neq \emptyset$ auch $m \neq 0$; für den Vorgänger $m_0 = m - 1$ von m wäre dann $x \leqq m_0$ für alle $x \in M$ im Widerspruch zu $m_0 < m$ und der Definition von m.

c) folgt aus b).

D e f i n i t i o n 11. (a_n) sei eine Folge natürlicher Zahlen, d. h. eine Folge in $\boldsymbol{N}$: (a_n) heißt (*monoton*) *wachsend* bzw. (*monoton*) *fallend*, wenn für alle $n, m \in \boldsymbol{N}$ gilt:

$$n \leqq m \rightarrow a_n \leqq a_m$$

bzw.

$$n \leqq m \rightarrow a_n \geqq a_m;$$

(a_n) heißt *echt (monoton) wachsend* bzw. *echt (monoton) fallend*, wenn für alle $n, m \in \boldsymbol{N}$ gilt:

$$n < m \to a_n < a_m$$

bzw.

$$n < m \to a_n > a_m;$$

(a_n) heißt *monoton* bzw. *echt monoton*, falls (a_n) wächst oder fällt bzw. echt wächst oder echt fällt.
Eine Folge (a_n) natürlicher Zahlen ist bzw. wachsend, echt wachsend, fallend, echt fallend genau dann, wenn für alle $n \in \boldsymbol{N}$ bzw. gilt:

$$a_n \leqq a_{n+1}, \quad a_n < a_{n+1}, \quad a_n \geqq a_{n+1}, \quad a_n > a_{n+1}.$$

Man erhält dabei $(\leftarrow)$, indem man aus der jeweiligen Voraussetzung bei festem n durch vollständige Induktion über m für alle $n, m \in \boldsymbol{N}$ bzw. beweist:

$$n \leqq m \to a_n \leqq a_m, \qquad n < m \to a_n < a_m,$$
$$n \leqq m \to a_n \geqq a_m, \qquad n < m \to a_n > a_m.$$

Jede echt monotone Folge (a_n) natürlicher Zahlen ist eineindeutig; denn ist $a_n = a_m$, so auch $n = m$, da sonst $a_n \neq a_m$ aus $n < m$ oder $m < n$ folgen würde. Im zweiten Teil der Definition 11 kann man gleichwertig $\leftrightarrow$ für $\to$ setzen. Echt fallende Folgen (a_n) natürlicher Zahlen gibt es nicht, da sonst $\boldsymbol{N}$ wegen

$$\boldsymbol{N} \sim \mathrm{W}(a) \subseteq \boldsymbol{N}(a_0 + 1)$$

endlich wäre im Widerspruch zu Satz 17a). Mit den echt wachsenden Folgen natürlicher Zahlen erklärt man den Teilfolgenbegriff:

Definition 12. (a_n) sei eine beliebige Folge: Eine *Teilfolge* von (a_n) ist eine Folge (b_m), für die es eine echt wachsende Folge (n_m) natürlicher Zahlen gibt mit $b_m = a_{n(m)}$ für alle $m \in \boldsymbol{N}$.

Jede unbeschränkte Menge I natürlicher Zahlen läßt sich anschaulich sofort als echt wachsende Folge erhalten, d. h. I ist der Wertebereich einer echt wachsenden

Folge (i_n). Man braucht nur die Elemente von I der Größe nach mit natürlichen Zahlen durchzunumerieren, abzuzählen:

$$i_0 < i_1 < i_2 < i_3 < \dots .$$

Exakt beweisen wir die Existenz dieser Folge mit Hilfe von Satz 12 in folgendem

Satz 18. *Für jede unbeschränkte Menge I natürlicher Zahlen gibt es genau eine echt wachsende Folge (i_n) natürlicher Zahlen mit $I = \mathrm{W}(i)$, nämlich die Folge (i_n) mit für jedes $n \in \boldsymbol{N}$:*

$$i_0 = \min I, \quad i_{n+1} = \min \{x \in I \mid i_n < x\}.$$

Beweis. Eindeutigkeit. Sind (i_n), (j_n) echt wachsende Folgen natürlicher Zahlen mit unbeschränktem Wertebereich $I = \mathrm{W}(i) = \mathrm{W}(j)$, so ist i_m bzw. j_m für jede natürliche Zahl m die kleinste Zahl x aus I mit $i_n < x$ für alle $n < m$ bzw. mit $j_n < x$ für alle $n < m$. Ist also $i_n = j_n$ für alle $n < m$, so muß auch $i_m = j_m$ sein, womit $i = j$ durch ordnungstheoretische Induktion bewiesen ist.

Existenz. Nach Satz 17c) ist $I \neq \emptyset$, und zu jedem $i \in I$ gibt es ein $x \in I$ mit $i < x$. Es sei T die Funktion von $\boldsymbol{N} \times I$ in I mit für jedes $n \in \boldsymbol{N}$ und $i \in I$:

$$T(n, i) = \min \{x \in I \mid i < x\}.$$

Nach Satz 12 existiert die Funktion i von $\boldsymbol{N}$ in I mit für beliebige $n \in \boldsymbol{N}$:

$$i_0 = \min I, \quad i_{n+1} = T(n, i_n) = \min \{x \in I \mid i_n < x\}.$$

Es gilt sofort $i_n < i_{n+1}$, womit (i_n) echt wächst. Schließlich ist $I = \mathrm{W}(i)$, wofür noch $I \subseteq \mathrm{W}(i)$ zu zeigen ist. Zunächst gibt es für jede natürliche Zahl x einen Index n mit $x \leqq i_n$; denn andernfalls gäbe es eine natürliche Zahl x mit $\mathrm{W}(i) \subseteq \boldsymbol{N}(x)$, womit $\mathrm{W}(i)$ endlich wäre im Widerspruch zu $\mathrm{W}(i) \sim \boldsymbol{N}$ und zur Unendlichkeit von $\boldsymbol{N}$. Ist nun $x \in I$ und n_0 der kleinste Index n mit $x \leqq i_n$, so ist $x = i_0 = \min I$ im Falle $n_0 = 0$, und im Falle $n_0 \neq 0$ ist $i_{n_0-1} < x \leqq i_{n_0}$, woraus nach Konstruktion von i sofort $x = i_{n_0}$ folgt; also ist generell $x \in \mathrm{W}(i)$.

Ist jetzt I eine unbeschränkte Menge natürlicher Zahlen, $(a_i)_{i \in I}$ eine Elementefamilie über I und (i_n) die nach Satz 18 existierende echt wachsende Abzählung der Elemente von I, so lassen sich die Elemente a_i unter Beibehaltung ihrer Reihenfolge auch als Folge

$$(a_{i(n)})_{n<\infty}$$

aufzählen. Ist als Beispiel $k \in \boldsymbol{N}$ und $I = \{i \in \boldsymbol{N} \mid k < i\}$, so läßt sich — unter Vorwegnahme der rationalen Zahlen — die Familie $\left(\frac{1}{i-k}\right)_{i \in I}$, auch: die Familie $\left(\frac{1}{i-k}\right)_{k<i<\infty}$, umschreiben zur Folge

$$\left(\frac{1}{n+1}\right)_{n<\infty};$$

denn es ist $i(n) = k + 1 + n$.

Definition 13. Eine *endliche Folge* ist eine Funktion a mit $\mathrm{D}(a) = \boldsymbol{N}(m)$ für ein $m \in \boldsymbol{N}$; eine *endliche Folge in* der Menge A ist eine endliche Folge a mit $\mathrm{W}(a) \subseteq A$. Die Werte einer endlichen Folge a heißen die *Folgenglieder* von a; speziell heißt $a(n)$ bei $n \in \mathrm{D}(a)$ das *Folgenglied von a mit dem Index n*, auch das *n-te(Folgen-)Glied von a*.

Für eine endliche Folge a mit $\mathrm{D}(a) = \boldsymbol{N}(m)$ — m ist durch a eindeutig bestimmt — schreibt man auch:

$$(a_n)_{n<m}, \qquad (\mathbf{T}_n)_{n<m},$$

wo $\mathbf{T}_n$ ein den Wert a_n bezeichnender mengentheoretischer Term ist. Endliche Folgen sind wieder unter Vermittlung ihres Definitionsbereiches Aufeinanderfolgen, Aufzählungen, Abzählungen, Durchnumerierungen ihres Wertebereiches (i. a. mit Wiederholung).

Man erklärt entsprechend zu Definition 11 die Monotoniebegriffe für endliche Folgen natürlicher Zahlen und kann wieder für eine echt wachsende endliche Folge $(i_n)_{n<m}$

natürlicher Zahlen mit $I = \mathrm{W}(i)$ jede Elementefamilie $(a_i)_{i \in I}$ umschreiben zur endlichen Folge

$$(a_{i(n)})_{n<m}.$$

Dabei existiert analog zu Satz 18 für jede beschränkte Menge I natürlicher Zahlen genau eine echt wachsende endliche Folge $(i_n)_{n<m}$ natürlicher Zahlen mit $I = \mathrm{W}(i)$, nämlich die endliche Folge $(i_n)_{n<m}$ mit $m = \operatorname{card} I$ und (im Falle $I \neq \emptyset$) für jedes $n < m - 1$:

$$i_0 = \min I, \quad i_{n+1} = \min \{x \in I \mid i_n < x\}.$$

Die Elemente einer jeden endlichen Menge A lassen sich mit Hilfe einer endlichen Folge ohne Wiederholung (d. h. eineindeutig) abzählen; denn ist $A \sim \boldsymbol{N}(m)$ und a eine eineindeutige Abbildung von $\boldsymbol{N}(m)$ auf A, so ist $(a_n)_{n<m}$ eine solche Abzählung. Ebenso lassen sich die Elemente einer jeden mit $\boldsymbol{N}$ gleichmächtigen Menge A mit Hilfe einer unendlichen Folge ohne Wiederholung abzählen; denn jede eineindeutige Abbildung a von $\boldsymbol{N}$ auf A ist eine solche Abzählung $(a_n)_{n<\infty}$. Man definiert in diesem Zusammenhang:

Definition 14. Eine Menge A heißt bzw. *abzählbar* (auch *höchstens abzählbar*), *abzählbar unendlich*, *überabzählbar*, falls bzw. A endlich oder $A \sim \boldsymbol{N}$ ist, $A \sim \boldsymbol{N}$ ist, A unendlich und $A \nsim \boldsymbol{N}$ ist.
In § 9 werden solche Mengen weiter untersucht.

Die Elemente abzählbar unendlicher Mengen A lassen sich natürlich außer mit den Indizes

$$0, 1, 2, 3, \ldots$$

auch etwa bei festem $k \in \boldsymbol{N}$ mit den Indizes

$$k, \quad k+1, \quad k+2, \quad k+3, \ldots$$

ohne Wiederholung abzählen; es ist ja

$$n(i) = i - k \text{ für alle } i \in \boldsymbol{N} \text{ mit } i \geqq k$$

eine eineindeutige Abbildung von $\boldsymbol{N} \setminus \boldsymbol{N}(k)$ auf $\boldsymbol{N}$, womit, falls (a_n) eine wiederholungsfreie Folge aller

Elemente von A ist, gilt:

$$A = \{a_n\}_{n<\infty} = \{a_{n(i)}\}_{k \leqq i < \infty}.$$

Dasselbe gilt bei endlichen Mengen A, die durch eine endliche Folge $(a_n)_{n<m}$ wiederholungsfrei abgezählt sind; dann ist im Falle $m \neq 0$ wieder bei

$$n(i) = i - k \text{ für alle } i \in \boldsymbol{N} \text{ mit } k \leqq i \leqq k + (m-1):$$

$$A = \{a_n\}_{n<m} = \{a_{n(i)}\}_{k \leqq i \leqq k+(m-1)}.$$

Für Familien $(b_i)_{k \leqq i < \infty}$ über $\boldsymbol{N} \setminus \boldsymbol{N}(k)$ schreibt man gelegentlich wieder:

$$(b_k, b_{k+1}, b_{k+2}, \ldots)$$

und läßt ebenso für mit ihnen zusammenhängende Begriffe wie

$$\{b_i\}_{k \leqq i < \infty}, \quad \bigcup_{k \leqq i < \infty} b_i, \quad \bigcap_{k \leqq i < \infty} b_i$$

die Schreibweisen zu:

$$\{b_k, b_{k+1}, b_{k+2}, \ldots\},$$

$$b_k \cup b_{k+1} \cup b_{k+2} \cup \ldots, \qquad b_k \cap b_{k+1} \cap b_{k+2} \cap \ldots;$$

auch:

$$\bigcup_{i=k}^{\infty} b_i, \quad \bigcap_{i=k}^{\infty} b_i.$$

Man verwendet (z. B. in der Analysis) je nach Zweckmäßigkeit auch allgemeinere Folgenbegriffe. Man nennt etwa jede Familie $(a_i)_{i \in I}$ mit $I \subseteq \boldsymbol{N}$ eine *Folge*, eine *endliche* oder *unendliche*, je nachdem, ob I endlich ist oder nicht. Ebenso finden (*unendliche*) *Folgen* im Sinne von Familien $(a_i)_{i \geqq k}$ Verwendung, wo — unter Vorwegnahme der ganzen Zahlen — k eine feste ganze Zahl ist und i alle ganzen Zahlen $i \geqq k$ durchläuft. Wir verwenden in der Allgemeinen Mengenlehre stets die Terminologie der Definitionen 9 und 13.

9. Peano-Systeme. Wir wollen abschließend noch den Sachverhalt präzisieren, daß man im Rahmen der Mengenlehre die Theorie der natürlichen Zahlen aus den Peanoschen Axiomen herleiten kann. Wie wir gesehen haben, braucht man nur zu wissen, daß $\boldsymbol{N}$ eine Menge N, 0 ein Objekt o und $'$ eine Funktion f über N ist, so daß N, o, f die fünf PEANO*schen Axiome* erfüllen; d. h. für beliebige Elemente n, m und beliebige Mengen $M \subseteq N$ gilt:

(1) $o \in N$,

(2) $n \in N \rightarrow f(n) \in N$,

(3) $n \in N \rightarrow f(n) \neq o$,

(4) $n, m \in N \wedge f(n) = f(m) \rightarrow n = m$,

(5) $o \in M \wedge \forall x\,(x \in M \rightarrow f(x) \in M) \rightarrow M = N$.

Man sagt auch, daß N, o, f ein PEANO-System bilden oder daß das Tripel (N, o, f) — der geordnete Inbegriff von N, o, f — ein PEANO-System ist. Man definiert also:

Definition 15. Ein Tripel (N, o, f) heißt ein PEANO-*System*, falls N eine Menge, o ein Objekt und f eine Funktion über N ist, so daß die obigen PEANOschen Axiome (1)—(5) gelten.

Der Begriff des PEANO-Systems erfaßt präzise die für die Theorie der natürlichen Zahlen wesentlichen Grundeigenschaften von $\boldsymbol{N}$, 0, $'$, und man benötigt für die Herleitung dieser Theorie im Rahmen der Mengenlehre nur die Tatsache, daß $(\boldsymbol{N}, 0, ')$ ein PEANO-System ist; die spezielle Natur der Grundbegriffe $\boldsymbol{N}$, 0, $'$ ist dabei unwichtig. In diesem Sinne wird die Theorie der natürlichen Zahlen innerhalb unserer Mengenlehre zu einem axiomatischen Teilsystem auf der Grundlage der PEANOschen Axiome.

Der Begriff des PEANO-Systems dient uns im Zusammenhang mit den natürlichen Zahlen ausschließlich zur Axiomatisierung der Theorie der natürlichen Zahlen. In diesem Zusammenhang entfallen Fragen nach der Existenz weiterer PEANO-Systeme neben $(\boldsymbol{N}, 0, ')$ und entfällt eine allgemeine Theorie beliebiger PEANO-Systeme (N, o, f), die man ja analog zur Theorie der natürlichen Zahlen, der Theorie des PEANO-Systems $(\boldsymbol{N}, 0, ')$, entwickeln könnte, indem man von Anfang an allgemein N, o, f statt speziell $\boldsymbol{N}$, 0, $'$ verwendet.

10. Zusammenfassung der Begriffe. Für Mengen A, B, M und Objekte m, n, a, b, P gilt:

$A^+ = A \cup \{A\}$,

M *induktiv* $\leftrightarrow \emptyset \in M$
$\quad \wedge \forall X\,(X \text{ Menge} \wedge X \in M \to X^+ \in M)$,

$\boldsymbol{N} = \{x \mid \forall X\,(X \text{ induktiv} \to x \in X)\}$,

n *natürliche Zahl* $\leftrightarrow n \in \boldsymbol{N}$,

$' = (x^+)_{x \in \boldsymbol{N}}$,

$n, m \in \boldsymbol{N} \,.\!\to.\, m$ *Nachfolger von* $n \leftrightarrow n' = m$

$.\wedge.\; n$ *Vorgänger von* $m \leftrightarrow n' = m$,

$0 = \emptyset, \quad 1 = 0', \quad 2 = 1', \quad 3 = 2', \ldots$,

A *endlich* (*finit*) $\leftrightarrow \exists x(x \in \boldsymbol{N} \wedge A \sim x)$,

A *unendlich* (*transfinit*) $\leftrightarrow \neg A$ *endlich*,

A *endlich* $\to \operatorname{card} A = \iota x(x \in \boldsymbol{N} \wedge A \sim x)$,

$n, m \in \boldsymbol{N} \,.\!\to.\, n \leqq m \leftrightarrow n \subseteq m$
$\quad .\wedge.\; n < m \leftrightarrow n \subset m$,

$n \in \boldsymbol{N} \to \boldsymbol{N}(n) = \{x \in \boldsymbol{N} \mid x < n\} = n$,

$\leqq\; = \{(x, y) \in \boldsymbol{N}^2 \mid x \leqq y\}$,

$<\; = \{(x, y) \in \boldsymbol{N}^2 \mid x < y\}$,

$A \preceq B \leftrightarrow \exists X(A \sim X \subseteq B)$,

$A \prec B \leftrightarrow A \preceq B \wedge A \nsim B$,

Addition $= + = (x + y)_{x, y \in \boldsymbol{N}} =$ *diejenige Operation* O *in* $\boldsymbol{N}$ *mit für alle* $x, y \in \boldsymbol{N}$:

$xO0 = x, \quad xOy' = (xOy)'$,

$n, m \in \boldsymbol{N} \,.\!\to.\, n \leqq m \leftrightarrow \exists x(x \in \boldsymbol{N} \wedge n + x = m)$
$\quad .\wedge.\; n < m \leftrightarrow \exists x(0 \neq x \in \boldsymbol{N} \wedge n + x = m)$,

Multiplikation $= \cdot = (x \cdot y)_{x, y \in \boldsymbol{N}} =$ *diejenige Operation* O *in* $\boldsymbol{N}$ *mit für alle* $x, y \in \boldsymbol{N}$:

$$xO0 = 0, \quad xOy' = (xOy) + x,$$

Potenzierung $= (x^y)_{x,y\in \boldsymbol{N}} =$ *diejenige Operation* O *in* $\boldsymbol{N}$ *mit für alle* $x, y \in \boldsymbol{N}$:

$$xO0 = 1, \quad xOy' = (xOy)\cdot x,$$

$$n, m \in \boldsymbol{N} .\rightarrow. m \leqq n \rightarrow n - m = \iota x(x \in \boldsymbol{N} \wedge m + x = n)$$
$$.\wedge. m \neq 0 \wedge \exists x(x \in \boldsymbol{N} \wedge m\cdot x = n) \rightarrow$$
$$n:m = \frac{n}{m} = \iota x(x \in \boldsymbol{N} \wedge m \cdot x = n),$$

a *(unendliche) Folge* $\leftrightarrow a$ *Funktion über* $\boldsymbol{N}$,

a *(unendliche) Folge in* $A \leftrightarrow a$ *Funktion von* $\boldsymbol{N}$ *in* A,

a *Folge* $\rightarrow (a_i)_{i<\infty} = (a_i) = a$,

$M \subseteq \boldsymbol{N} .\rightarrow. M$ *beschränkt* $\leftrightarrow$
$$\exists x(x \in \boldsymbol{N} \wedge \forall y(y \in M \rightarrow y \leqq x))$$
$.\wedge. M$ *unbeschränkt* $\leftrightarrow \neg M$ *beschränkt*,

$$M \subseteq \boldsymbol{N} \wedge \exists x(x \in M \wedge \forall y(y \in M \rightarrow x \leqq y)) \rightarrow$$
$$\min M = \iota x(x \in M \wedge \forall y(y \in M \rightarrow x \leqq y)),$$

$$M \subseteq \boldsymbol{N} \wedge \exists x(x \in M \wedge \forall y(y \in M \rightarrow y \leqq x)) \rightarrow$$
$$\max M = \iota x(x \in M \wedge \forall y(y \in M \rightarrow y \leqq x)),$$

(a_i) *Folge natürlicher Zahlen* $.\rightarrow. (a_i)$ *ist bzw. wachsend, fallend, echt wachsend, echt fallend genau dann, wenn für alle* $i, j \in \boldsymbol{N}$ *bzw. gilt:*

$$i \leqq j \rightarrow a_i \leqq a_j, \quad i \leqq j \rightarrow a_i \geqq a_j,$$
$$i < j \rightarrow a_i < a_j, \quad i < j \rightarrow a_i > a_j,$$

und (a_i) *ist monoton bzw. echt monoton genau dann, wenn* (a_i) *wächst oder fällt bzw. echt wächst oder echt fällt*,

a, b *Folge* $.\rightarrow. (b_j)$ *Teilfolge von* (a_i) *genau dann, wenn es eine echt wachsende Folge* (i_j) *natürlicher Zahlen gibt mit* $b_j = a_{i(j)}$ *für alle* $j \in \boldsymbol{N}$,

a *endliche Folge* $\leftrightarrow \exists x(x \in \boldsymbol{N} \wedge a$ *Funktion über* $\boldsymbol{N}(x))$,

a *endliche Folge in* $A \leftrightarrow a$ *endliche Folge* $\wedge \mathrm{W}(a) \subseteq A$,

A *abzählbar* $\leftrightarrow A$ *endlich* $\vee A \sim \boldsymbol{N}$,

A abzählbar unendlich $\leftrightarrow A \sim \boldsymbol{N}$,

A überabzählbar $\leftrightarrow$ *A unendlich* $\wedge A \not\sim \boldsymbol{N}$,

P PEANO-*System* $\leftrightarrow$ *es gibt eine Menge N, ein Element o und eine Funktion f über N mit* $P = (N, o, f)$ *und für alle x, y und alle* $X \subseteq N$:

(1) $o \in N$,

(2) $x \in N \rightarrow f(x) \in N$,

(3) $x \in N \rightarrow f(x) \neq o$,

(4) $x, y \in N \wedge f(x) = f(y) \rightarrow x = y$,

(5) $o \in X \wedge \forall z(z \in X \rightarrow f(z) \in X) \rightarrow X = N$.

§ 8. Skizzierter Aufbau des Zahlensystems

1. Natürliche Zahlen. Die *natürlichen Zahlen* sind in § 7 eingeführt worden. Die Menge $\boldsymbol{N}$ der natürlichen Zahlen bildet mit der Zahl 0 und der Nachfolgerfunktion $'$ zusammen das PEANO-System $(\boldsymbol{N}, 0, ')$. Auf der Grundlage dieses PEANO-Systems wollen wir jetzt die ganzen, rationalen, reellen und komplexen Zahlen definieren. Die Entwicklungen werden nur skizziert, da ein detaillierter Aufbau des Zahlensystems, einschließlich inhaltlicher Motivierungen, nicht zur Allgemeinen Mengenlehre gehört. Wie sich die Theorie der natürlichen Zahlen als axiomatische Theorie des PEANO-Systems $(\boldsymbol{N}, 0, ')$ herausstellte, werden wir auch die Theorie der übrigen Zahlenarten axiomatisch erfassen können. Man hat damit generell die Möglichkeit, die Gesetze der einzelnen Zahlbereiche — wenn es aus didaktischen Gründen erforderlich ist — auch ohne exakte Definition dieser Zahlen studieren zu können, indem man einfach voraussetzt, daß die betreffenden Zahlenmengen existieren und gewissen an die Spitze gestellten Axiomen genügen. Diese Axiome sind bei exakter Definition der Zahlen jeweils beweisbar, sind also keine neuen Axiome für den axiomatischen Aufbau der Mengenlehre.

Es seien von nun an auch die kleinen und großen griechischen Buchstaben

$$\alpha, \beta, \gamma, \ldots, \chi, \psi, \omega; \quad A, B, \Gamma, \ldots, X, \Psi, \Omega,$$

die kleinen und großen deutschen Buchstaben (Frakturbuchstaben)

$$\mathfrak{a}, \mathfrak{b}, \mathfrak{c}, \ldots, \mathfrak{x}, \mathfrak{y}, \mathfrak{z}; \quad \mathfrak{A}, \mathfrak{B}, \mathfrak{C}, \ldots, \mathfrak{X}, \mathfrak{Y}, \mathfrak{Z}$$

und alle daraus durch Anfügen von (aus dem Zusammenhang der Betrachtungen jeweils ersichtlichen) Indizes entstehenden Zeichen *Variable für Objekte.*

2. Ganze Zahlen. Innerhalb $\boldsymbol{N}$ ist die Subtraktion $a - b$ nur für Zahlen a, b mit $b \leqq a$ möglich. Man wünscht einen $\boldsymbol{N}$ erweiternden Zahlbereich, in dem zusätzlich die Subtraktion uneingeschränkt ausführbar ist. Hierzu definiert man in $\boldsymbol{N} \times \boldsymbol{N}$ die Relation *Differenzengleichheit*, in Zeichen: $\underset{\mathrm{D}}{=}$, mit für beliebige $a_1, a_2, b_1, b_2 \in \boldsymbol{N}$:

$$(a_1, a_2) \underset{\mathrm{D}}{=} (b_1, b_2) \leftrightarrow a_1 + b_2 = a_2 + b_1 .$$

$\underset{\mathrm{D}}{=}$ ist eine Äquivalenzrelation in $\boldsymbol{N}^2$. Es sei (vgl. Definition 2, § 6)

$$Z = (\boldsymbol{N} \times \boldsymbol{N}) / \underset{\mathrm{D}}{=} .$$

In Z werden Addition, Multiplikation und Ordnung repräsentantenweise erklärt: Sind $\alpha, \beta \in Z$ mit $(a_1, a_2) \in \alpha$ und $(b_1, b_2) \in \beta$, so sei ihre Summe $\alpha + \beta$ bzw. ihr Produkt $\alpha \cdot \beta$ dasjenige $\gamma \in Z$ mit

$$(a_1 + b_1, a_2 + b_2) \in \gamma \text{ bzw. } (a_1 b_1 + a_2 b_2, a_1 b_2 + a_2 b_1) \in \gamma;$$

es sei

$$\alpha \leqq \beta \leftrightarrow a_1 + b_2 \leqq a_2 + b_1 .$$

Sämtliche Definitionen sind unabhängig von der speziellen Wahl der Repräsentanten. $\boldsymbol{N}$ ist durch die Funktion φ, welche jeder natürlichen Zahl a das Element $\alpha \in Z$ zuordnet mit $(a, 0) \in \alpha$, eineindeutig auf die Menge $\mathbf{N} = \mathrm{W}(\varphi)$ abgebildet bei Gültigkeit der folgenden drei Bedingungen für beliebige $a, b \in \mathbf{N}$:

$$\varphi(a + b) = \varphi(a) + \varphi(b), \qquad \varphi(a \cdot b) = \varphi(a) \cdot \varphi(b),$$
$$a \leqq b \leftrightarrow \varphi(a) \leqq \varphi(b).$$

Die ersten beiden Bedingungen sind gleichwertig mit (bei $a, b, c \in \mathbf{N}$):

$$a + b = c \leftrightarrow \varphi(a) + \varphi(b) = \varphi(c),$$
$$a \cdot b = c \leftrightarrow \varphi(a) \cdot \varphi(b) = \varphi(c).$$

Damit unterscheidet sich in bezug auf $+$, $\cdot$, $\leqq$ das Rechnen innerhalb $\mathbf{N}$ nicht vom Rechnen innerhalb N, und man nennt φ auf Grund seiner Eineindeutigkeit von $\mathbf{N}$ auf $\mathbf{N}$ und der aufgeführten drei Bedingungen einen *Isomorphismus* von $\mathbf{N}$ auf N bzgl. $+$, $\cdot$, $\leqq$. Im wesentlichen ist bereits Z die Menge der ganzen Zahlen. Es fehlt noch, daß $\mathbf{N}$ Teilmenge von Z ist; $\mathbf{N}$ ist mittels N nur bis auf Isomorphie in Z enthalten. Für den Umgang mit ganzen Zahlen ist es aber unerheblich, wie sie definiert sind, die Hauptsache, sie identifizieren in der Relation $\underset{D}{=}$ stehende Paare natürlicher Zahlen (Abstraktionsprinzip im weiteren Sinne bzgl. $\underset{D}{=}$; vgl. § 6, Abschn. 2). Man kann also ohne weiteres innerhalb Z die Teilmenge N durch $\mathbf{N}$ ersetzen. Der Isomorphismus φ zwischen $\mathbf{N}, N$ sorgt dafür, daß die neue Menge Z^* nicht nur schlechthin Obermenge von $\mathbf{N}$ ist, sondern daß ihre Operationen $+$, $\cdot$ und ihre Ordnung $\leqq$ auf der Teilmenge $\mathbf{N}$ mit den alten $+$, $\cdot$, $\leqq$ für natürliche Zahlen übereinstimmen und Z^* in diesem Sinne eine gewünschte Zahlbereichserweiterung von $\mathbf{N}$ ist. Man beachte

$$\mathbf{N} \cap (Z \setminus N) = \emptyset,$$

so daß die Ersetzung von N durch $\mathbf{N}$ nicht zu Überschneidungen führt. Es ist nämlich $\mathbf{N} \cap Z = \emptyset$, da es zu jedem $a \in \mathbf{N}$ und jedem $\alpha \in Z$ ein $x \in \mathbf{N}$ gibt mit

$(a, x) \in \alpha$ oder $(x, a) \in \alpha$, womit $a \in \alpha$, also $a \neq \alpha$ ist. Es sei nun

$$\boldsymbol{Z} = \boldsymbol{N} \cup (Z \setminus N);$$

die Elemente von $\boldsymbol{Z}$ heißen die *ganzen Zahlen*. („$\boldsymbol{Z}$" erinnere an „Zahlentheorie", da neben den natürlichen Zahlen vor allem die ganzen Zahlen mit ihren Kongruenzrelationen modulo natürlicher Zahlen den Ausgangspunkt zahlentheoretischer Untersuchungen bilden.) Auf $\boldsymbol{Z}$ sei in Erweiterung von φ die Funktion ψ definiert mit für jedes $\alpha \in \boldsymbol{Z}$:

$$\psi(\alpha) = \begin{cases} \varphi(\alpha) & \text{für } \alpha \in \boldsymbol{N} \\ \alpha & \text{für } \alpha \in Z \setminus N. \end{cases}$$

ψ ist eine eineindeutige Abbildung von $\boldsymbol{Z}$ auf Z. Man definiere in $\boldsymbol{Z}$ *Addition*, *Multiplikation* und *Ordnung* durch (bei $\alpha, \beta \in \boldsymbol{Z}$):

$$\alpha + \beta = \psi^{-1}\big(\psi(\alpha) + \psi(\beta)\big), \quad \alpha \cdot \beta = \psi^{-1}\big(\psi(\alpha) \cdot \psi(\beta)\big),$$
$$\alpha \leqq \beta \leftrightarrow \psi(\alpha) \leqq \psi(\beta).$$

Diese $+, \cdot, \leqq$ von $\boldsymbol{Z}$ fallen auf $\boldsymbol{N}$ mit den alten $+, \cdot, \leqq$ von $\boldsymbol{N}$ zusammen. Dasselbe gilt dann auch für $<$, da man natürlich in $\boldsymbol{Z}$ definiert:

$$\alpha < \beta \leftrightarrow \alpha \leqq \beta \wedge \alpha \neq \beta.$$

Erfahrungsgemäß erhält man im Rahmen der Mengenlehre alle mathematisch interessierenden Ergebnisse über ganze Zahlen aus der beweisbaren Tatsache, daß $\boldsymbol{Z}$ in Verbindung mit $+, \cdot, \leqq$ den *Axiomen der ganzen Zahlen* genügt, oder anders ausgedrückt, daß das Quadrupel $(\boldsymbol{Z}, +, \cdot, \leqq)$ ein *geordneter Ring der ganzen Zahlen* ist. Dies besagt: $\boldsymbol{Z}$ ist eine Menge mit mindestens zwei Elementen, $+$ und $\cdot$ sind Operationen in $\boldsymbol{Z}$, $\leqq$ ist eine Relation in $\boldsymbol{Z}$, und es gilt für beliebige $\alpha, \beta, \gamma \in \boldsymbol{Z}$ und $M \subseteq \boldsymbol{Z}$:

I. Axiome der Addition

(1) $\alpha + \beta = \beta + \alpha$ (*Kommutativität*),

(2) $(\alpha + \beta) + \gamma = \alpha + (\beta + \gamma)$ (*Assoziativität*),

(3) *es gibt ein* $\xi \in \boldsymbol{Z}$ *mit* $\alpha + \xi = \beta$ (*Umkehrbarkeit*),

II. Axiome der Multiplikation

(4) $\alpha \cdot \beta = \beta \cdot \alpha$ (*Kommutativität*),

(5) $(\alpha \cdot \beta) \cdot \gamma = \alpha \cdot (\beta \cdot \gamma)$ (*Assoziativität*),

(6) *es gibt ein* $e \in \boldsymbol{Z}$ *mit* $\xi \cdot e = \xi$ *für alle* $\xi \in \boldsymbol{Z}$ (*Existenz des Einselementes*),

(7) $\alpha \cdot (\beta + \gamma) = \alpha \cdot \beta + \alpha \cdot \gamma$ (*Distributivität*),

III. Axiome der Ordnung

(8) $\alpha \leqq \alpha$ (*Reflexivität*),
$\alpha \leqq \beta \leqq \gamma \rightarrow \alpha \leqq \gamma$ (*Transitivität*),
$\alpha \leqq \beta \leqq \alpha \rightarrow \alpha = \beta$ (*Antisymmetrie*),
$\alpha \leqq \beta \vee \beta \leqq \alpha$ (*Linearität*),

(9) $\alpha \leqq \beta \rightarrow \alpha + \gamma \leqq \beta + \gamma$ (*Monotonie der Addition*),

(10) $\alpha > o \wedge \beta > o \rightarrow \alpha \cdot \beta > o$ (*Positivitätsbedingung der Multiplikation*)

bei $o = \iota\xi(\xi \in \boldsymbol{Z} \wedge \forall \eta(\eta \in \boldsymbol{Z} \rightarrow \eta + \xi = \eta))$,

IV. Minimalaxiom

(11) $e \in M \wedge \forall \xi \forall \eta(\xi, \eta \in M \rightarrow \xi + \eta, (-\xi) \in M) \rightarrow M = \boldsymbol{Z}$

bei $e = \iota\xi(\xi \in \boldsymbol{Z} \wedge \forall \eta(\eta \in \boldsymbol{Z} \rightarrow \eta \cdot \xi = \eta))$,
$-\xi = \iota\eta(\eta \in \boldsymbol{Z} \wedge \xi + \eta = o)$.

Die Axiome 1 und (5), (7) heißen in der Algebra die *Ringaxiome*. Aus den Axiomen der ganzen Zahlen folgt u. a.:

a) Für jedes $\alpha, \beta \in \boldsymbol{Z}$ gibt es genau ein $\xi \in \boldsymbol{Z}$ mit $\beta + \xi = \alpha$, die *Differenz* $\alpha - \beta$. Damit ist die Subtraktion in $\boldsymbol{Z}$ uneingeschränkt ausführbar.

b) Es gibt genau ein $o \in \boldsymbol{Z}$ mit $\xi + o = \xi$ für alle $\xi \in \boldsymbol{Z}$. Dieses *Nullelement* (oder hinsichtlich $+$ *neutrale Element*) o ist dann die Zahl 0, so daß 0 aus den Axiomen definierbar ist.

c) Für jedes $\alpha \in \boldsymbol{Z}$ gibt es genau ein $\xi \in \boldsymbol{Z}$ mit $\alpha + \xi = o$, das zu α *entgegengesetzte* (oder *negative* oder hinsichtlich $+$ *inverse*) *Element* $-\alpha$. Für $\alpha, \beta \in \boldsymbol{Z}$ ist

$$\alpha - \beta = \alpha + (-\beta).$$

d) Es gibt genau ein $e \in \boldsymbol{Z}$ mit $\xi \cdot e = \xi$ für alle $\xi \in \boldsymbol{Z}$. Dieses *Einselement* (oder hinsichtlich $\cdot$ *neutrale Element*) e ist dann die Zahl 1, so daß 1 aus den Axiomen definierbar ist.

e) Gibt es für $\alpha, \beta \in \boldsymbol{Z}$ bei $\beta \neq o$ ein $\xi \in \boldsymbol{Z}$ mit $\beta \cdot \xi = \alpha$, so existiert genau ein solches ξ, der *Quotient* $\alpha : \beta$ oder $\dfrac{\alpha}{\beta}$.

f) Es existiert für das Mengensystem

$$\mathfrak{M} = \{M \subseteq \boldsymbol{Z} \mid 0 \in M \wedge \forall\, \xi(\xi \in M \to \xi + 1 \in M)\}$$

die Menge

$$N = \bigcap \mathfrak{M}$$

der *natürlichen Elemente* von $\boldsymbol{Z}$. Es ist 0 Element von N und für jedes $a \in N$ auch $f(a) = a + 1$. $(N, 0, f)$ ist ein PEANO-System und fällt mit dem PEANO-System $(\boldsymbol{N}, 0, ')$ der natürlichen Zahlen zusammen. Damit sind die natürlichen Zahlen aus den Axiomen der ganzen Zahlen definierbar.

g) Innerhalb $\boldsymbol{Z}$ ist die Teilmenge $\boldsymbol{N} \subseteqq \boldsymbol{Z}$ gegenüber $+, \cdot$ abgeschlossen. Es ist

$$\boldsymbol{N} = \{\xi \in \boldsymbol{Z} \mid \xi \geqq 0\},$$

$$\boldsymbol{Z} = \{\xi \in \boldsymbol{Z} \mid \xi \in \boldsymbol{N} \vee -\xi \in \boldsymbol{N}\},$$

$$\boldsymbol{Z} = \{a - b \mid a, b \in \boldsymbol{N}\}.$$

3. **Rationale Zahlen.** In $\boldsymbol{Z}$ ist die Division $a:b$ bei $b \neq 0$ nicht uneingeschränkt ausführbar. Man wünscht, auf der Grundlage der Axiome der ganzen Zahlen, einen $\boldsymbol{Z}$ erweiternden Zahlbereich, in dem zusätzlich die Division uneingeschränkt ausführbar ist. Hierzu definiert man in $\boldsymbol{Z} \times (\boldsymbol{Z} \setminus \{0\})$ die Relation *Quotientengleichheit*, in Zeichen : $\underset{Q}{=}$, mit für beliebige $a_1, a_2, b_1, b_2 \in \boldsymbol{Z}$ bei $a_2, b_2 \neq 0$:

$$(a_1, a_2) \underset{Q}{=} (b_1, b_2) \leftrightarrow a_1 b_2 = a_2 b_1 .$$

$\underset{Q}{=}$ ist eine Äquivalenzrelation in $\boldsymbol{Z} \times (\boldsymbol{Z} \setminus \{0\})$. Es sei

$$Q = \big(\boldsymbol{Z} \times (\boldsymbol{Z} \setminus \{0\})\big) / \underset{Q}{=} .$$

In Q werden Addition, Multiplikation und Ordnung repräsentantenweise erklärt: Sind $\alpha, \beta \in Q$ mit $(a_1, a_2) \in \alpha$ und $(b_1, b_2) \in \beta$, so sei ihre Summe $\alpha + \beta$ bzw. ihr Produkt $\alpha \cdot \beta$ dasjenige $\gamma \in Q$ mit

$$(a_1 b_2 + a_2 b_1, a_2 b_2) \in \gamma \quad \text{bzw.} \quad (a_1 b_1, a_2 b_2) \in \gamma;$$

es sei

$$\alpha \leqq \beta \leftrightarrow (a_2 b_1 - a_1 b_2) \cdot (a_2 b_2) \geqq 0 .$$

Sämtliche Definitionen sind unabhängig von der speziellen Wahl der Repräsentanten. Es gelingt nicht, aus den Axiomen der ganzen Zahlen $\boldsymbol{Z} \cap Q = \emptyset$ abzuleiten. Wir helfen uns, indem wir die Elemente von Q mit $\boldsymbol{Z}$ indizieren. Wir betrachten also statt Q die Menge

$$Q^* = \{(\boldsymbol{Z}, \xi) \mid \xi \in Q\} = \{\boldsymbol{Z}\} \times Q$$

und haben $\boldsymbol{Z} \cap Q^* = \emptyset$. In Q^* definiere man (bei $\alpha, \beta \in Q$):

$$(\boldsymbol{Z}, \alpha) + (\boldsymbol{Z}, \beta) = (\boldsymbol{Z}, \alpha + \beta),$$
$$(\boldsymbol{Z}, \alpha) \cdot (\boldsymbol{Z}, \beta) = (\boldsymbol{Z}, \alpha \cdot \beta),$$
$$(\boldsymbol{Z}, \alpha) \leqq (\boldsymbol{Z}, \beta) \leftrightarrow \alpha \leqq \beta.$$

Die Funktion φ über $\boldsymbol{Z}$, welche jeder ganzen Zahl a das Element $(\boldsymbol{Z}, \alpha) \in Q^*$ zuordnet mit $(a, 1) \in \alpha$, ist ein *Isomorphismus* von $\boldsymbol{Z}$ auf $Z = \mathrm{W}(\varphi)$ bzgl. $+, \cdot, \leqq$; d. h. φ ist eine eineindeutige Abbildung von $\boldsymbol{Z}$ auf Z mit für beliebige $a, b \in \boldsymbol{Z}$:

$$\varphi(a + b) = \varphi(a) + \varphi(b), \quad \varphi(a \cdot b) = \varphi(a) \cdot \varphi(b),$$
$$a \leqq b \leftrightarrow \varphi(a) \leqq \varphi(b).$$

Es sei nun

$$\boldsymbol{Q} = \boldsymbol{Z} \cup (Q^* \setminus Z);$$

die Elemente von $\boldsymbol{Q}$ heißen die *rationalen Zahlen.* („$\boldsymbol{Q}$" erinnere an „Quotient".) Auf $\boldsymbol{Q}$ sei in Erweiterung von φ die Funktion ψ definiert mit für jedes $\alpha \in \boldsymbol{Q}$:

$$\psi(\alpha) = \begin{cases} \varphi(\alpha) & \text{für } \alpha \in \boldsymbol{Z} \\ \alpha & \text{für } \alpha \in Q^* \setminus Z. \end{cases}$$

ψ ist eine eineindeutige Abbildung von $\boldsymbol{Q}$ auf Q^*. Man definiere in $\boldsymbol{Q}$ *Addition*, *Multiplikation* und *Ordnung* durch (bei $\alpha, \beta \in \boldsymbol{Q}$):

$$\alpha + \beta = \psi^{-1}\big(\psi(\alpha) + \psi(\beta)\big), \quad \alpha \cdot \beta = \psi^{-1}\big(\psi(\alpha) \cdot \psi(\beta)\big),$$
$$\alpha \leqq \beta \leftrightarrow \psi(\alpha) \leqq \psi(\beta).$$

Diese $+, \cdot, \leqq$ von $\boldsymbol{Q}$ fallen auf $\boldsymbol{Z}$ mit den alten $+, \cdot, \leqq$ von $\boldsymbol{Z}$ zusammen. Dasselbe gilt dann auch für $<$, da man in $\boldsymbol{Q}$ wieder definiert:

$$\alpha < \beta \leftrightarrow \alpha \leqq \beta \wedge \alpha \neq \beta.$$

Erfahrungsgemäß erhält man im Rahmen der Mengenlehre alle mathematisch interessierenden Ergebnisse über rationale Zahlen aus der beweisbaren Tatsache, daß $\boldsymbol{Q}$ in Verbindung mit $+$, $\cdot$, $\leqq$ den *Axiomen der rationalen Zahlen* genügt, oder anders ausgedrückt, daß das Quadrupel $(\boldsymbol{Q}, +, \cdot, \leqq)$ ein *geordneter Körper der rationalen Zahlen* ist. Dies besagt: $\boldsymbol{Q}$ ist eine Menge mit mindestens zwei Elementen, $+$ und $\cdot$ sind Operationen in $\boldsymbol{Q}$, $\leqq$ ist eine Relation in $\boldsymbol{Q}$, und es gilt für beliebige $\alpha, \beta, \gamma \in \boldsymbol{Q}$ und $M \subseteq \boldsymbol{Q}$:

I. Axiome der Addition

(1) $\alpha + \beta = \beta + \alpha$ (*Kommutativität*),

(2) $(\alpha + \beta) + \gamma = \alpha + (\beta + \gamma)$ (*Assoziativität*),

(3) *es gibt ein* $\xi \in \boldsymbol{Q}$ *mit* $\alpha + \xi = \beta$ (*Umkehrbarkeit*),

II. Axiome der Multiplikation

(4) $\alpha \cdot \beta = \beta \cdot \alpha$ (*Kommutativität*),

(5) $(\alpha \cdot \beta) \cdot \gamma = \alpha \cdot (\beta \cdot \gamma)$ (*Assoziativität*),

(6) *ist* $\alpha \neq o$, *so gibt es ein* $\xi \in \boldsymbol{Q}$ *mit* $\alpha \cdot \xi = \beta$ (*Umkehrbarkeit*),
bei $o = \iota\xi(\xi \in \boldsymbol{Q} \wedge \forall \eta(\eta \in \boldsymbol{Q} \to \eta + \xi = \eta))$,

(7) $\alpha \cdot (\beta + \gamma) = \alpha \cdot \beta + \alpha \cdot \gamma$ (*Distributivität*),

III. Axiome der Ordnung

(8) $\alpha \leqq \alpha$ (*Reflexivität*),
$\alpha \leqq \beta \leqq \gamma \to \alpha \leqq \gamma$ (*Transitivität*),
$\alpha \leqq \beta \leqq \alpha \to \alpha = \beta$ (*Antisymmetrie*),
$\alpha \leqq \beta \vee \beta \leqq \alpha$ (*Linearität*),

(9) $\alpha \leqq \beta \to \alpha + \gamma \leqq \beta + \gamma$ (*Monotonie der Addition*),

(10) $\alpha \geqq o \wedge \beta \geqq o \to \alpha \cdot \beta \geqq o$ (*Positivitätsbedingung der Multiplikation*),

IV. Minimalaxiom

$$(11)\ e \in M \wedge \forall \xi \forall \eta (\xi, \eta \in M .\rightarrow. \xi + \eta, (-\xi), \xi \cdot \eta \in M .\wedge. \xi \neq o \rightarrow \xi^{-1} \in M) \rightarrow M = \mathbf{Q}$$

$$\text{bei } e = \iota\xi(\xi \in \mathbf{Q} \wedge \forall \eta (\eta \in \mathbf{Q} \rightarrow \eta \cdot \xi = \eta)),$$
$$-\xi = \iota\eta(\eta \in \mathbf{Q} \wedge \xi + \eta = o),$$
$$\xi^{-1} = \iota\eta(\eta \in \mathbf{Q} \wedge \xi \cdot \eta = e).$$

Die Axiome I, II heißen in der Algebra die *Körperaxiome.* Aus den Axiomen der rationalen Zahlen folgt u. a.:

a) Für jedes $\alpha, \beta \in \mathbf{Q}$ gibt es genau ein $\xi \in \mathbf{Q}$ mit $\beta + \xi = \alpha$, die *Differenz* $\alpha - \beta$. Die Subtraktion ist in $\mathbf{Q}$ uneingeschränkt ausführbar.

b) Es gibt genau ein $o \in \mathbf{Q}$ mit $\xi + o = \xi$ für alle $\xi \in \mathbf{Q}$. Dieses *Nullelement* (oder hinsichtlich $+$ *neutrale Element*) o ist die Zahl 0, so daß 0 aus den Axiomen definierbar ist.

c) Für jedes $\alpha \in \mathbf{Q}$ gibt es genau ein $\xi \in \mathbf{Q}$ mit $\alpha + \xi = o$, das zu α *entgegengesetzte* (oder *negative* oder hinsichtlich $+$ *inverse*) *Element* $-\alpha$. Für $\alpha, \beta \in \mathbf{Q}$ ist

$$\alpha - \beta = \alpha + (-\beta).$$

d) Für jedes $\alpha, \beta \in \mathbf{Q}$ mit $\beta \neq o$ gibt es genau ein $\xi \in \mathbf{Q}$ mit $\beta \cdot \xi = \alpha$, der *Quotient* $\alpha : \beta$ oder $\frac{\alpha}{\beta}$. Die Division ist in $\mathbf{Q}$ uneingeschränkt ausführbar.

e) Es gibt genau ein $e \in \mathbf{Q}$ mit $\xi \cdot e = \xi$ für alle $\xi \in \mathbf{Q}$. Dieses *Einselement* (oder hinsichtlich $\cdot$ *neutrale Element*) e ist die Zahl 1, so daß 1 aus den Axiomen definierbar ist.

f) Für jedes $\alpha \in \mathbf{Q}$ mit $\alpha \neq o$ gibt es genau ein $\xi \in \mathbf{Q}$ mit $\alpha \cdot \xi = e$, das zu α *reziproke* (oder hinsichtlich $\cdot$ *inverse*) *Element* α^{-1}. Für $\alpha, \beta \in \mathbf{Q}$ mit $\beta \neq o$ ist

$$\alpha : \beta = \alpha \cdot (\beta^{-1})$$

g) Es existiert für das Mengensystem

$$\mathfrak{M} = \{M \subseteq \boldsymbol{Q} \mid 1 \in M \wedge \forall \xi \forall \eta (\xi, \eta \in M \rightarrow \xi + \eta, (-\xi) \in M)\}$$

die Menge

$$Z = \bigcap \mathfrak{M}$$

der *ganzen Elemente* von $\boldsymbol{Q}$. In Verbindung mit den auf Z eingeschränkten $+, \cdot, \leqq$ bildet Z einen geordneten Ring der ganzen Zahlen, der mit dem geordneten Ring der ganzen Zahlen $(\boldsymbol{Z}, +, \cdot, \leqq)$ zusammenfällt. Damit sind die ganzen Zahlen aus den Axiomen der rationalen Zahlen definierbar. Mit den ganzen Zahlen sind auch die natürlichen Zahlen definierbar.

h) Innerhalb $\boldsymbol{Q}$ ist die Teilmenge $\boldsymbol{Z} \subseteq \boldsymbol{Q}$ gegenüber $+, -, \cdot$ abgeschlossen. Es ist

$$\boldsymbol{Q} = \left\{ \frac{a}{b} \,\middle|\, a, b \in \boldsymbol{Z} \wedge b \neq 0 \right\}.$$

4. Reelle Zahlen. $\boldsymbol{Q}$ ist noch lückenhaft, da nicht jede rationale Fundamentalfolge einen Grenzwert in $\boldsymbol{Q}$ besitzt. Man wünscht, auf der Grundlage der Axiome der rationalen Zahlen, einen $\boldsymbol{Q}$ erweiternden Zahlbereich, in dem jede Fundamentalfolge einen Grenzwert besitzt. Hierzu sei eine *rationale Fundamentalfolge* oder *rationale* CAUCHY-*Folge* eine Folge $(a_n)_{n<\infty}$ rationaler Zahlen, so daß es zu jedem $\varepsilon \in \boldsymbol{Q}$ mit $\varepsilon > 0$ einen Index $n_0 \in \boldsymbol{N}$ gibt mit

$$|a_n - a_m| < \varepsilon \quad \text{für alle} \quad n, m \in \boldsymbol{N} \quad \text{mit} \quad n, m \geqq n_0.$$

Der *Betrag* $|a|$ einer rationalen Zahl a ist dabei definiert als

$$|a| = \begin{cases} a & \text{für} \quad a \geqq 0 \\ -a & \text{für} \quad a < 0. \end{cases}$$

In der Menge F aller rationalen CAUCHY-Folgen führt man die Relation *Grenzwertgleichheit* ein, in Zeichen: $\underset{G}{=}$, mit für beliebige $a, b \in F$:

$$(a_n) \underset{G}{=} (b_n) \leftrightarrow \forall \varepsilon \, \exists \, n_0 (0 < \varepsilon \in \boldsymbol{Q} \rightarrow n_0 \in \boldsymbol{N} \wedge \forall n (n \in \boldsymbol{N} \wedge n \geqq n_0 \rightarrow |a_n - b_n| < \varepsilon)).$$

$\underset{G}{=}$ ist eine Äquivalenzrelation in F. Es sei

$$R = F / \underset{G}{=}.$$

In R werden Addition, Multiplikation und Ordnung repräsentantenweise erklärt: Sind $\alpha, \beta \in R$ mit $a \in \alpha$ und $b \in \beta$, so sei ihre Summe $\alpha + \beta$ bzw. ihr Produkt $\alpha \cdot \beta$ dasjenige $\gamma \in R$ mit:

$$(a_n + b_n)_{n<\infty} \in \gamma \qquad \text{bzw.} \qquad (a_n \cdot b_n)_{n<\infty} \in \gamma;$$

es sei

$$\alpha \leqq \beta \leftrightarrow \forall \varepsilon \, \forall n_0 \, \exists n (0 < \varepsilon \in \boldsymbol{Q} \wedge n_0 \in \boldsymbol{N} \rightarrow n \in \boldsymbol{N} \wedge n \geqq n_0 \wedge a_n \leqq b_n + \varepsilon).$$

Sämtliche Definitionen sind unabhängig von der speziellen Wahl der Repräsentanten. Es ist $\boldsymbol{Q} \cap R = \emptyset$; denn für jedes $a \in \boldsymbol{Q}$ und $\alpha \in R$ gibt es trivial ein $x \in \alpha$ mit $x_0 = a$, womit dann

$$a \in (0, x_0) \in x \in \alpha$$

ist, also $a \sqsubset \alpha$, $a \neq \alpha$. Die Funktion φ über $\boldsymbol{Q}$, welche jeder rationalen Zahl a das Element $\alpha \in R$ zuordnet mit $(a)_{n<\infty} \in \alpha$, ist ein *Isomorphismus* von $\boldsymbol{Q}$ auf $Q = \mathrm{W}(\varphi)$ bzgl. $+, \cdot, \leqq$; d. h. φ ist eine eineindeutige Abbildung von $\boldsymbol{Q}$ auf Q mit für beliebige $a, b \in \boldsymbol{Q}$:

$$\varphi(a + b) = \varphi(a) + \varphi(b), \qquad \varphi(a \cdot b) = \varphi(a) \cdot \varphi(b),$$
$$a \leqq b \leftrightarrow \varphi(a) \leqq \varphi(b).$$

Es sei nun

$$\boldsymbol{R} = \boldsymbol{Q} \cup (R \setminus Q);$$

die Elemente von $\boldsymbol{R}$ heißen die *reellen Zahlen*. Auf $\boldsymbol{R}$ sei in Erweiterung von φ die Funktion ψ definiert mit für jedes $\alpha \in \boldsymbol{R}$:

$$\psi(\alpha) = \begin{cases} \varphi(\alpha) & \text{für} \quad \alpha \in \boldsymbol{Q} \\ \alpha & \text{für} \quad \alpha \in R \setminus Q. \end{cases}$$

ψ ist eine eineindeutige Abbildung von $\boldsymbol{R}$ auf R. Man definiere in $\boldsymbol{R}$ *Addition*, *Multiplikation* und *Ordnung* durch (bei $\alpha, \beta \in \boldsymbol{R}$):

$$\alpha + \beta = \psi^{-1}\big(\psi(\alpha) + \psi(\beta)\big), \quad \alpha \cdot \beta = \psi^{-1}\big(\psi(\alpha) \cdot \psi(\beta)\big),$$
$$\alpha \leqq \beta \leftrightarrow \psi(\alpha) \leqq \psi(\beta).$$

Diese $+$, $\cdot$, $\leqq$ von $\boldsymbol{R}$ fallen auf $\boldsymbol{Q}$ mit den alten $+$, $\cdot$, $\leqq$ von $\boldsymbol{Q}$ zusammen. Dasselbe gilt dann auch für $<$, wenn man in $\boldsymbol{R}$ wieder definiert:

$$\alpha < \beta \leftrightarrow \alpha \leqq \beta \wedge \alpha \neq \beta.$$

Erfahrungsgemäß erhält man im Rahmen der Mengenlehre alle mathematisch interessierenden Ergebnisse über reelle Zahlen aus der beweisbaren Tatsache, daß $\boldsymbol{R}$ in Verbindung mit $+$, $\cdot$, $\leqq$ den *Axiomen der reellen Zahlen* genügt, oder anders ausgedrückt, daß das Quadrupel $(\boldsymbol{R}, +, \cdot, \leqq)$ ein *geordneter Körper der reellen Zahlen* ist. Dies besagt: $\boldsymbol{R}$ ist eine Menge mit mindestens zwei Elementen, $+$ und $\cdot$ sind Operationen in $\boldsymbol{R}$, $\leqq$ ist eine Relation in $\boldsymbol{R}$, es gelten die Axiome I, II, III aus Abschn. 3 in bezug auf $\boldsymbol{R}$ (statt $\boldsymbol{Q}$), und es gilt noch das Axiom

IV. Axiom vom Schnitt

Für beliebige Mengen $A, B \subseteq \boldsymbol{R}$ *mit* $A, B \neq \emptyset$, $A \cup B = \boldsymbol{R}$ *und* $\alpha < \beta$ *für alle* $\alpha \in A$ *und alle* $\beta \in B$ (ein derartiges Mengenpaar (A, B) heißt ein *Schnitt* in $\boldsymbol{R}$) *gibt es eine Schnittzahl* ξ, *d. h. ein* $\xi \in \boldsymbol{R}$ *mit* $\alpha \leqq \xi \leqq \beta$ *für jedes* $\alpha \in A$ *und jedes* $\beta \in B$.

Auf Grund der Axiome I, II gelten auch die Folgerungen a)—f) aus Abschn. 3 (wenn man in ihnen $\boldsymbol{R}$ für $\boldsymbol{Q}$ setzt). Weiterhin gilt:

g) Es existiert für das Mengensystem

$$\mathfrak{M} = \{M \subseteq \boldsymbol{R} \mid 1 \in M \wedge \forall \xi \forall \eta (\xi, \eta \in M \,.\!\rightarrow\!.\, \xi + \eta, (-\xi), \xi \cdot \eta \in M \,.\!\wedge\!.\, \xi \neq 0 \rightarrow \xi^{-1} \in M)\}$$

die Menge

$$Q = \bigcap \mathfrak{M}$$

der *rationalen Elemente* von $\boldsymbol{R}$. In Verbindung mit den auf Q eingeschränkten $+, \cdot, \leqq$ bildet Q einen geordneten Körper der rationalen Zahlen, der mit dem geordneten Körper der rationalen Zahlen $(\boldsymbol{Q}, +, \cdot, \leqq)$ zusammenfällt. Damit sind die rationalen Zahlen aus den Axiomen der reellen Zahlen definierbar. Mit den rationalen Zahlen sind auch die ganzen und natürlichen Zahlen definierbar.

h) Innerhalb $\boldsymbol{R}$ ist die Teilmenge $\boldsymbol{Q} \subseteq \boldsymbol{R}$ gegenüber $+, -, \cdot, :$ abgeschlossen. $\boldsymbol{R}$ ist gegenüber Limesbildung von Fundamentalfolgen abgeschlossen (die gewünschte Lückenlosigkeit). Hierzu heiße eine reelle Folge $(\alpha_n)_{n<\infty}$ eine *reelle Fundamentalfolge* oder *reelle* CAUCHY-*Folge*, wenn es zu jedem $\varepsilon \in \boldsymbol{R}$ mit $\varepsilon > 0$ einen Index $n_0 \in \boldsymbol{N}$ gibt mit

$$|\alpha_n - \alpha_m| < \varepsilon \quad \text{für alle} \quad n, m \in \boldsymbol{N} \quad \text{mit} \quad n, m \geqq n_0.$$

Der *Betrag* $|\alpha|$ einer reellen Zahl α ist wieder definiert als

$$|\alpha| = \begin{cases} \alpha & \text{für} \quad \alpha \geqq 0 \\ -\alpha & \text{für} \quad \alpha < 0. \end{cases}$$

Eine reelle Folge (α_n) *konvergiert gegen* ein $\xi \in \boldsymbol{R}$, wenn es für jedes $\varepsilon \in \boldsymbol{R}$ mit $\varepsilon > 0$ einen Index $n_0 \in \boldsymbol{N}$ gibt mit

$$|\alpha_n - \xi| < \varepsilon \quad \text{für alle} \quad n \in \boldsymbol{N} \quad \text{mit} \quad n \geqq n_0;$$

(α_n) *konvergiert*, wenn es ein $\xi \in \boldsymbol{R}$ gibt, so daß (α_n) gegen ξ konvergiert. Konvergiert (α_n) gegen ξ, so ist ξ eindeutig bestimmt und heißt der *Grenzwert* oder *Limes* $\lim\limits_{n\to\infty} \alpha_n$ der Folge (α_n). Jede reelle Fundamentalfolge konvergiert dann und besitzt somit einen Limes. Trivial ist jede konvergente reelle Folge eine reelle Fundamentalfolge. Die rationalen Fundamentalfolgen fallen mit denjenigen reellen Fundamentalfolgen zusammen, welche nur rationale Glieder besitzen. Es gilt

$$\boldsymbol{R} = \left\{\lim_{n\to\infty} a_n \,\middle|\, (a_n) \textit{ rationale Fundamentalfolge}\right\}.$$

i) Im geordneten Körper der reellen Zahlen $(\boldsymbol{R}, +, \cdot, \leqq)$ kann man $\boldsymbol{N}, \boldsymbol{Z}, \boldsymbol{Q}$ rückwirkend auch definieren als:

$$\boldsymbol{N} = \bigcap \{M \subseteq \boldsymbol{R} \mid 0 \in M \wedge \forall n (n \in M \to n + 1 \in M)\},$$
$$\boldsymbol{Z} = \{n - m \mid n, m \in \boldsymbol{N}\},$$
$$\boldsymbol{Q} = \left\{\frac{g}{h} \,\middle|\, g, h \in \boldsymbol{Z},\ h \neq 0\right\}.$$

Damit sind für die Theorie der Zahlbereiche bis zu den reellen Zahlen die Axiome der reellen Zahlen hinreichend.

5. Komplexe Zahlen. In $\boldsymbol{R}$ besitzt nicht jedes Polynom (Polynomfunktion)

$$f(x) = a_0 + a_1 x + a_2 x^2 + \ldots + a_n x^n$$

mit einem Grade $n \geqq 1$ Nullstellen. Man wünscht, auf der Grundlage der Axiome der reellen Zahlen, einen $\boldsymbol{R}$ erweiternden Zahlbereich, in welchem jedes Polynom mindestens ersten Grades Nullstellen besitzt. Es genügt hierfür (nach dem Fundamentalsatz der Algebra), eine Erweiterung von $\boldsymbol{R}$ zu konstruieren, in der wenigstens

$$f(\xi) = \xi^2 + 1$$

eine Nullstelle besitzt. Es sei

$$C = \boldsymbol{R} \times \boldsymbol{R}.$$

In C werden Addition und Multiplikation erklärt: Für $a_1, a_2, b_1, b_2 \in \boldsymbol{R}$ sei

$$(a_1, a_2) + (b_1, b_2) = (a_1 + b_1, a_2 + b_2),$$
$$(a_1, a_2) \cdot (b_1, b_2) = (a_1 b_1 - a_2 b_2, a_1 b_2 + a_2 b_1).$$

Aus den Axiomen der reellen Zahlen kann man nicht $\boldsymbol{R} \cap C = \emptyset$ ableiten. Für den Umgang mit komplexen Zahlen ist es aber unerheblich, wie sie definiert sind, die Hauptsache, sie identifizieren in der Identität $=$ stehende Paare reeller Zahlen (Abstraktionsprinzip im weiteren Sinne bzgl. $\mathrm{Id}_{\boldsymbol{R}\times\boldsymbol{R}}$; vgl. § 6, Abschn. 2). Wir nehmen also statt C die Menge

$$C^* = \{(\boldsymbol{R}, \alpha) \mid \alpha \in C\} = \{\boldsymbol{R}\} \times C$$

und haben $\boldsymbol{R} \cap C^* = \emptyset$. In C^* definiere man (bei $\alpha, \beta \in C$):

$$(\boldsymbol{R}, \alpha) + (\boldsymbol{R}, \beta) = (\boldsymbol{R}, \alpha + \beta), \ (\boldsymbol{R}, \alpha) \cdot (\boldsymbol{R}, \beta) = (\boldsymbol{R}, \alpha \cdot \beta).$$

Die Funktion φ über $\boldsymbol{R}$, welche jeder reellen Zahl a das Element $(\boldsymbol{R}, (a, 0)) \in C^*$ zuordnet, ist ein *Isomorphismus* von $\boldsymbol{R}$ auf $R = \mathrm{W}(\varphi)$ bzgl. $+$, $\cdot$, d. h. φ ist eine eineindeutige Abbildung von $\boldsymbol{R}$ auf R mit für beliebige $a, b \in \boldsymbol{R}$:

$$\varphi(a + b) = \varphi(a) + \varphi(b), \qquad \varphi(a \cdot b) = \varphi(a) \cdot \varphi(b).$$

Es sei nun

$$\boldsymbol{C} = \boldsymbol{R} \cup (C^* \setminus R);$$

die Elemente von $\boldsymbol{C}$ heißen die *komplexen Zahlen*. Auf $\boldsymbol{C}$ sei in Erweiterung von φ die Funktion ψ definiert mit für jedes $\alpha \in \boldsymbol{C}$:

$$\psi(\alpha) = \begin{cases} \varphi(\alpha) & \text{für} \quad \alpha \in \boldsymbol{R} \\ \alpha & \text{für} \quad \alpha \in C^* \setminus R. \end{cases}$$

ψ ist eine eineindeutige Abbildung von $\boldsymbol{C}$ auf C^*. Man definiere in $\boldsymbol{C}$ *Addition* und *Multiplikation* durch (bei $\alpha, \beta \in \boldsymbol{C}$):

$$\alpha + \beta = \psi^{-1}\big(\psi(\alpha) + \psi(\beta)\big), \quad \alpha \cdot \beta = \psi^{-1}\big(\psi(\alpha) \cdot \psi(\beta)\big).$$

Diese $+$, $\cdot$ von $\boldsymbol{C}$ fallen auf $\boldsymbol{R}$ mit den alten $+$, $\cdot$ von $\boldsymbol{R}$ zusammen. Für die *imaginäre Einheit*

$$i = (\boldsymbol{R}, (0, 1)) \quad \text{ist} \quad i^2 = -1.$$

womit die Funktion $f(\xi) = \xi^2 + 1$ in $\boldsymbol{C}$ die Nullstelle i besitzt.

Erfahrungsgemäß erhält man im Rahmen der Mengenlehre alle mathematisch interessierenden Ergebnisse über komplexe Zahlen aus der beweisbaren Tatsache, daß $\boldsymbol{C}$ in Verbindung mit $\boldsymbol{R}$, i, den komplexen Operationen $+, \cdot$ und der reellen Ordnung $\leqq$ den *Axiomen der komplexen Zahlen* genügt, oder anders ausgedrückt, daß das Sextupel $(\boldsymbol{C}, \boldsymbol{R}, i, +, \cdot, \leqq)$ ein *Körper der komplexen Zahlen* ist. Dies besagt: $\boldsymbol{C}$ und $\boldsymbol{R}$ sind Mengen mit $\boldsymbol{R} \subseteq \boldsymbol{C}$, i ist ein Objekt mit $i \in \boldsymbol{C}$, $+$ und $\cdot$ sind Operationen in $\boldsymbol{C}$, $\leqq$ ist eine Relation in $\boldsymbol{R}$, und es gilt:

(1) Es gelten die Körperaxiome I, II aus Abschn. 3 in bezug auf $\boldsymbol{C}$ (statt $\boldsymbol{Q}$),

(2) $(\boldsymbol{R}, + \mid (\boldsymbol{R} \times \boldsymbol{R}), \cdot \mid (\boldsymbol{R} \times \boldsymbol{R}), \leqq)$ ist ein geordneter Körper der reellen Zahlen,

(3) $i^2 = -1$,

(4) $\boldsymbol{C} = \{x + iy \mid x, y \in \boldsymbol{R}\}$.

Auf Grund von (1) gelten auch die Folgerungen a)—f) aus Abschn. 3 (wenn man in ihnen $\boldsymbol{C}$ für $\boldsymbol{Q}$ setzt).

Wir werden von nun an über das Rechnen in den einzelnen Zahlbereichen ohne Beweise verfügen. Es ist

$$\boldsymbol{N} \subset \boldsymbol{Z} \subset \boldsymbol{Q} \subset \boldsymbol{R} \subset \boldsymbol{C}.$$

6. Zusammenfassung der Begriffe.

$\boldsymbol{N}$ = *Menge der natürlichen Zahlen*,

$\underset{D}{=}$ = *diejenige Relation R in $\boldsymbol{N} \times \boldsymbol{N}$ mit für alle a_1, a_2, $b_1, b_2 \in \boldsymbol{N}$:*

$$(a_1, a_2)\, R\, (b_1, b_2) \leftrightarrow a_1 + b_2 = a_2 + b_1,$$

$\boldsymbol{Z}$ = *Menge der ganzen Zahlen*

$= \boldsymbol{N} \cup (Z \setminus N)$

bei

$$Z = (\boldsymbol{N} \times \boldsymbol{N}) \,/ \underset{D}{=}, \quad N = \left\{[(a, 0)]_{\underset{D}{=}} \,\middle|\, a \in \boldsymbol{N}\right\},$$

$\underset{Q}{=}$ = *diejenige Relation R in* $\boldsymbol{Z} \times (\boldsymbol{Z} \setminus \{0\})$ *mit für alle* $a_1, a_2, b_1, b_2 \in \boldsymbol{Z}$ bei $a_2, b_2 \neq 0$:

$$(a_1, a_2) R (b_1, b_2) \leftrightarrow a_1 b_2 = a_2 b_1,$$

$\boldsymbol{Q}$ = *Menge der rationalen Zahlen*

$= \boldsymbol{Z} \cup (Q^* \setminus Z)$

bei

$$Q = \big(\boldsymbol{Z} \times (\boldsymbol{Z} \setminus \{0\})\big) / \underset{Q}{=},$$

$$Q^* = \{\boldsymbol{Z}\} \times Q, \quad Z = \big\{(\boldsymbol{Z}, [(a, 1)]_{\underset{Q}{=}}) \,\big|\, a \in \boldsymbol{Z}\big\}.$$

Für Objekte a gilt:

a rationale Fundamentalfolge $\leftrightarrow$ *a Folge in* $\boldsymbol{Q}$, *und für jedes* $\varepsilon \in \boldsymbol{Q}$ *mit* $\varepsilon > 0$ *gibt es einen Index* $n_0 \in \boldsymbol{N}$ *mit*

$$|a_n - a_m| < \varepsilon \text{ für alle } n, m \in \boldsymbol{N} \text{ mit } n, m \geqq n_0.$$

Schließlich gilt:

$\underset{G}{=}$ = *diejenige Relation R in der Menge F aller rationalen Fundamentalfolgen mit für alle* $a, b \in F$:

$$(a_n) R (b_n) \leftrightarrow \forall \varepsilon \exists n_0 (0 < \varepsilon \in \boldsymbol{Q} \to n_0 \in \boldsymbol{N} \wedge \forall n (n \in \boldsymbol{N} \wedge n \geqq n_0 \to |a_n - b_n| < \varepsilon)),$$

$\boldsymbol{R}$ = *Menge der reellen Zahlen*

$= \boldsymbol{Q} \cup (R \setminus Q)$

bei

$$F = \{a \mid a \text{ rationale Fundamentalfolge}\},$$

$$R = F / \underset{G}{=}, \quad Q = \big\{[(a)_{n<\infty}]_{\underset{G}{=}} \,\big|\, a \in \boldsymbol{Q}\big\},$$

$\boldsymbol{C}$ = *Menge der komplexen Zahlen*

$= \boldsymbol{R} \cup (C^* \setminus R)$

bei

$$C = \boldsymbol{R} \times \boldsymbol{R}, \quad C^* = \{\boldsymbol{R}\} \times C,$$

$$R = \{(\boldsymbol{R}, (a, 0)) \mid a \in \boldsymbol{R}\}.$$

§ 9. Endliche, unendliche Mengen

1. Endliche Mengen. Im PEANO-System $(\boldsymbol{N}, 0, ')$ der natürlichen Zahlen erhält man (vgl. § 7, Abschn. 7) die Endlichkeitsdefinition:

Definition 1. A sei eine Menge:

$$A \text{ endlich (finit)} \leftrightarrow \exists n\,(n \in \boldsymbol{N} \wedge A \sim \boldsymbol{N}(n)),$$

$$A \text{ unendlich (transfinit)} \leftrightarrow \neg\, A \text{ endlich.} \blacksquare$$

Endlichkeit und Unendlichkeit sind wichtige mathematische Grundbegriffe. Wir wollen zunächst systematisch Eigenschaften endlicher Mengen untersuchen. Es sind trivial alle Abschnitte $\boldsymbol{N}(n)$ selbst endlich.

Satz 1. *Für Mengen A, B, Objekte a und Funktionen F gilt:*

a) $A \sim B \;.\!\rightarrow\!.\; A \text{ endlich} \leftrightarrow B \text{ endlich}$,

b) $A \subseteq B \wedge B \text{ endlich} \rightarrow A \text{ endlich}$,

c) $\emptyset \text{ endlich}, \{a\} \text{ endlich}$,

d) $A, B \text{ endlich} \leftrightarrow A \cup B \text{ endlich}$,

e) $A \text{ endlich} \leftrightarrow \mathfrak{P} A \text{ endlich}$,

f) $A, B \text{ endlich} \rightarrow A \times B \text{ endlich}$,
$A \times B \text{ endlich} \wedge A \times B \neq \emptyset \rightarrow A, B \text{ endlich}$,

g) $A, B \text{ endlich} \rightarrow A^B \text{ endlich}$,
$A^B \text{ endlich} \wedge B \neq \emptyset \rightarrow A \text{ endlich}$,
$A^B \text{ endlich} \wedge \exists a_1 \exists a_2\,(a_1, a_2 \in A \wedge a_1 \neq a_2)$
$\rightarrow B \text{ endlich}$,

h) $\mathrm{D}(F) \text{ endlich} \rightarrow \mathrm{W}(F) \text{ endlich}$.

Beweis. a) folgt sofort aus Definition 1.

b) Wie Satz 10a), § 7 zeigt man induktiv für alle $n \in \boldsymbol{N}$ und Mengen X:

$$X \subseteq \boldsymbol{N}(n) \rightarrow X \text{ endlich}.$$

Ist dann $A \subseteq B$ und $B \sim \boldsymbol{N}(n)$ für ein $n \in \boldsymbol{N}$, so existiert ein X mit $A \sim X \subseteq \boldsymbol{N}(n)$; also ist nach a) mit X auch A endlich.

c) Es ist für jedes a:

$$\emptyset \sim \boldsymbol{N}(0), \qquad \{a\} \sim \boldsymbol{N}(1).$$

d) Nach Satz 16a), § 7 gilt für $n, m \in \boldsymbol{N}$:

$$\boldsymbol{N}(m) \sim \boldsymbol{N}(n+m) \setminus \boldsymbol{N}(n).$$

Sind dann A, B endliche Mengen mit $A \sim \boldsymbol{N}(n)$, $B \sim \boldsymbol{N}(m)$, so gilt im Falle $A \cap B = \emptyset$ nach Satz 15a), § 7:

$$A \cup B \sim \boldsymbol{N}(n) \cup \big(\boldsymbol{N}(n+m) \setminus \boldsymbol{N}(n)\big) = \boldsymbol{N}(n+m),$$

also ist $A \cup B$ endlich. Im allgemeinen Fall ist aber

$$A \cup B = A \cup (B \setminus A),$$

wobei $A, B \setminus A$ disjunkt und nach b) mit A, B endlich sind. Ist umgekehrt für Mengen A, B die Vereinigung $A \cup B$ endlich, so sind A, B als Teilmengen davon nach b) endlich.

e) Durch vollständige Induktion über n erhält man für alle $n \in \boldsymbol{N}$ die Endlichkeit von $\mathfrak{P}\boldsymbol{N}(n)$: Es ist $\mathfrak{P}\boldsymbol{N}(0) = \mathfrak{P}\,\emptyset = \{\emptyset\}$ nach c) endlich, und ist $\mathfrak{P}\boldsymbol{N}(n)$ für ein n endlich, so nach d) auch

$$\mathfrak{P}\boldsymbol{N}(n+1) = \mathfrak{P}\boldsymbol{N}(n) \cup \{X \cup \{n\} \mid X \subseteq \boldsymbol{N}(n)\}$$

wegen

$$\{X \cup \{n\} \mid X \subseteq \boldsymbol{N}(n)\} \sim \mathfrak{P}\boldsymbol{N}(n).$$

Ist nun A eine endliche Menge mit $A \sim \boldsymbol{N}(n)$, so ist $\mathfrak{P}A$ endlich wegen nach Satz 15c), § 7

$$\mathfrak{P}A \sim \mathfrak{P}\boldsymbol{N}(n).$$

Ist umgekehrt $\mathfrak{P}A$ für eine Menge A endlich, so auch A selbst wegen

$$A \sim \{\{x\} \mid x \in A\} \subseteq \mathfrak{P}A.$$

f) Durch vollständige Induktion über m bei festem n erhält man für alle $n, m \in \boldsymbol{N}$ die Endlichkeit von $\boldsymbol{N}(n) \times \boldsymbol{N}(m)$: Es ist $\boldsymbol{N}(n) \times \boldsymbol{N}(0) = \emptyset$ endlich, und ist $\boldsymbol{N}(n) \times \boldsymbol{N}(m)$ für ein m endlich, so nach d) auch

$$\boldsymbol{N}(n) \times \boldsymbol{N}(m+1) = (\boldsymbol{N}(n) \times \boldsymbol{N}(m)) \cup (\boldsymbol{N}(n) \times \{m\})$$

wegen

$$\boldsymbol{N}(n) \times \{m\} \sim \boldsymbol{N}(n).$$

Sind nun A, B endliche Mengen mit $A \sim \boldsymbol{N}(n)$, $B \sim \boldsymbol{N}(m)$, so ist $A \times B$ endlich wegen nach Satz 15c), § 7:

$$A \times B \sim \boldsymbol{N}(n) \times \boldsymbol{N}(m).$$

Ist umgekehrt $A \times B$ endlich und $(a, b) \in A \times B$, so sind A, B endlich wegen

$$A \sim \{(x, b) \mid x \in A\} \subseteq A \times B,$$
$$B \sim \{(a, x) \mid x \in B\} \subseteq A \times B.$$

g) Sind A, B endlich, so ist nach e), f) A^B endlich wegen

$$A^B \subseteq \mathfrak{P}(B \times A).$$

Sei umgekehrt A^B endlich. Ist $B \neq \emptyset$, so ist A endlich wegen

$$A \sim \{(a)_{x \in B} \mid a \in A\} \subseteq A^B.$$

Besitzt A mindestens zwei Elemente a_1, a_2, so ist B endlich, da B gleichmächtig der Menge aller Funktionen $f \in A^B$ ist, für die es ein $b \in B$ gibt mit für alle $x \in B$:

$$f(x) = \begin{cases} a_1 & \text{für } x = b \\ a_2 & \text{für } x \neq b. \end{cases}$$

h) Nach Satz 9, § 7 gilt $\mathrm{W}(F) \preceq \mathrm{D}(F)$ für jede Funktion F, womit nach a), b) aus der Endlichkeit von $\mathrm{D}(F)$ die von $\mathrm{W}(F)$ folgt. ∎

Satz 1c), d) liefert für Objekte $a, b, c, \ldots$ sukzessiv die Endlichkeit der Mengen

$$\emptyset, \ \{a\}, \ \{a, b\}, \ \{a, b, c\}, \ldots.$$

Satz 2. *Für Mengenfamilien* $(A_i)_{i\in I}$ *und Mengensysteme* M *gilt:*

a) I *endlich* $\wedge \forall i\,(i \in I \to A_i$ *endlich*$) \to \bigcup_{i\in I} A_i$ *endlich,*

$\bigcup_{i\in I} A_i$ *endlich* $\to \forall i\,(i \in I \to A_i$ *endlich*$)$,

$\bigcup_{i\in I} A_i$ *endlich* $\wedge A$ *eineindeutig* $\to I$ *endlich,*

b) M *endlich* $\wedge \forall X\,(X \in M \to X$ *endlich*$) \leftrightarrow \bigcup M$ *endlich,*

c) I *endlich* $\wedge \forall i\,(i \in I \to A_i$ *endlich*$) \to \bigtimes_{i\in I} A_i$ *endlich,*

$\bigtimes_{i\in I} A_i$ *endlich* $\wedge \bigtimes_{i\in I} A_i \neq \emptyset \to \forall i\,(i \in I \to A_i$ *endlich*$)$,

$\bigtimes_{i\in I} A_i$ *endlich* $\wedge \forall i\,\exists x\,\exists y\ (i \in I \to x, y \in A_i$
$\wedge\, x \neq y) \to I$ *endlich,*

d) M *endlich* $\wedge \forall X\,(X \in M \to X$ *endlich*$) \to \bigtimes M$ *endlich,*

$\bigtimes M$ *endlich* $\wedge \bigtimes M \neq \emptyset \to \forall X\,(X \in M \to X$ *endlich*$)$,

$\bigtimes M$ *endlich* $\wedge \forall X\,\exists x\,\exists y\,(X \in M \to x, y \in X$
$\wedge\, x \neq y) \to M$ *endlich.*

Beweis. a) Unter Verwendung von Satz 1d) zeigt man induktiv für alle $n \in \boldsymbol{N}$ und Mengenfamilien $(A_i)_{i<n}$ mit endlichen A_i, daß $\bigcup_{i\in I} A_i$ endlich ist. Ist dann $(A_i)_{i\in I}$ eine Mengenfamilie mit endlichen A_i und endlichem $I \sim \boldsymbol{N}(n)$ und ist f eine eineindeutige Abbildung von $\boldsymbol{N}(n)$ auf I, so ist

$$\bigcup_{i\in I} A_i = \bigcup_{i<n} A_{f(i)}$$

endlich. Sei umgekehrt $\bigcup_{i\in I} A_i$ endlich für eine Mengenfamilie $(A_i)_{i\in I}$. Dann sind alle A_j als Teilmengen von $\bigcup_{i\in I} A_i$ endlich. Ist noch A eineindeutig, so ist I endlich wegen

$$I \sim \mathrm{W}(A) \subseteq \mathfrak{P} \bigcup_{i\in I} A_i\,.$$

b) folgt aus a) unter Vermittlung der Familie $A = \mathrm{Id}_M$.

c) Ist $(A_i)_{i\in I}$ eine Mengenfamilie mit endlichen A_i und endlichem I, so ist $\bigtimes_{i\in I} A_i$ endlich wegen

$$\bigtimes_{i\in I} A_i \subseteq \mathfrak{P}(I \times \bigcup_{i\in I} A_i).$$

Sei umgekehrt $\bigtimes_{i\in I} A_i$ endlich für eine Mengenfamilie $(A_i)_{i\in I}$. Existiert ein $f_0 \in \bigtimes_{i\in I} A_i$, so sind alle A_i endlich; denn für jedes $j \in I$ ist

$$A_j \sim \left\{f \in \bigtimes_{i\in I} A_i \,\middle|\, f_0 \,|(I \setminus \{j\}) = f \,|\, (I \setminus \{j\})\right\}.$$

Gibt es für jedes $i \in I$ Elemente $x, y \in A_i$ mit $x \neq y$, so existieren nach Satz 9b), § 5 Funktionen

$$f_1 \in \bigtimes_{i\in I} A_i, \quad f_2 \in \bigtimes_{i\in I} (A_i \setminus \{f_1(i)\})$$

mit also $f_1(i) \neq f_2(i)$ für alle $i \in I$. Dann ist I endlich, da I gleichmächtig der Menge aller Funktionen $f \in \bigtimes_{i\in I} A_i$ ist, für die es ein $j \in I$ gibt mit für alle $i \in I$:

$$f(i) = \begin{cases} f_1(i) & \text{für } i = j \\ f_2(i) & \text{für } i \neq j. \end{cases}$$

d) folgt aus c) unter Vermittlung der Familie $A = \mathrm{Id}_M$.

Aus Satz 2a) folgt noch für Abbildungen F wegen $\mathrm{W}(F) = \bigcup_{x\in \mathrm{D}(F)} F\langle\langle x\rangle\rangle$:

$$\mathrm{D}(F) \text{ endlich} \wedge \bigvee x(x \in \mathrm{D}(F) \to F\langle\langle x\rangle\rangle \text{ endlich}) \\ \to \mathrm{W}(F) \text{ endlich}.$$

2. Endlichkeitskriterien. Neben Definition 1 gibt es zahlreiche weitere Endlichkeitsdefinitionen, und wir wollen jetzt die wichtigsten davon systematisch behandeln. Alle diese Definitionen kommen ohne natürliche Zahlen aus und liefern in Form von Endlichkeitskriterien weitere nützliche Eigenschaften endlicher Mengen. In

Band III lernen wir noch eine auf dem Wohlordnungsbegriff fußende Endlichkeitsdefinition kennen. Die in Satz 3 ausgesprochene Definition geht auf DEDEKIND zurück.

Satz 3. *Für Mengen A gilt:*

$$A \text{ endlich} \leftrightarrow \neg \exists X\, (A \sim X \subset A).$$

Beweis. ($\rightarrow$) Wie Satz 10b), § 7 zeigt man induktiv für alle $n \in \boldsymbol{N}$ und Mengen X:

$$X \subset \boldsymbol{N}(n) \rightarrow X \nsim \boldsymbol{N}(n).$$

Ist dann A eine endliche Menge mit $A \sim \boldsymbol{N}(n)$ und ist $X \subset A$, so gibt es ein $X' \subset \boldsymbol{N}(n)$ mit $X \sim X'$, womit nicht $A \sim X$ gelten kann wegen sonst

$$X' \sim X \sim A \sim \boldsymbol{N}(n).$$

($\leftarrow$) Es genügt zu zeigen, daß jede unendliche Menge A eine abzählbar unendliche Teilmenge besitzt; d. h. es gibt eine Menge $X \subseteq A$ mit $\boldsymbol{N} \sim X$. Denn ist dann f eine eineindeutige Abbildung von $\boldsymbol{N}$ auf X, so ist die Funktion

$$g(n) = f(n+1)$$

über $\boldsymbol{N}$ eine eineindeutige Abbildung von $\boldsymbol{N}$ auf $X' = X \setminus \{f(0)\}$, womit $X \sim X'$ ist, also auch

$$A = (A \setminus X) \cup X \sim (A \setminus X) \cup X' = X''$$

und X'' wegen $X' \subset X$ eine Menge ist mit $A \sim X'' \subset A$. Anschaulich ist die Existenz einer abzählbar unendlichen Teilmenge $X \subseteq A$ bei unendlichen A klar, da man ja sukzessiv und wiederholungsfrei Elemente

$$x_0, x_1, x_2, x_3, \ldots$$

aus A aussondern kann, deren Folge f dann eine eineindeutige Abbildung von $\boldsymbol{N}$ auf die Menge X dieser Elemente ist. Exakt beweisen wir die Existenz der Folge f mit Satz 13, § 7.

Ist A eine unendliche Menge, so ist $A \setminus X \neq \emptyset$ für jede endliche Teilmenge $X \subseteq A$. Über das Auswahlaxiom und Satz 3, § 4 existiert also eine Auswahlfunktion F des Mengensystems

$$\mathfrak{M} = \{A \setminus X \mid X \subseteq A,\ X \text{ endlich}\}.$$

Weiterhin ist nach Satz 1 h) für jede Funktion g von einem Abschnitt $\boldsymbol{N}(n)$ in A der Wertebereich $\mathrm{W}(g)$ endlich, womit $A \setminus \mathrm{W}(g) \in \mathfrak{M}$ ist. Sei schließlich T die Funktion von

$$G = \{g \mid \exists n\ (n \in \boldsymbol{N} \wedge g \text{ Funktion von } \boldsymbol{N}(n) \text{ in } A)\}$$

in A mit für jedes $g \in G$:

$$T(g) = F(A \setminus \mathrm{W}(g)),$$

so gibt es nach Satz 13, § 7 genau eine Funktion f von $\boldsymbol{N}$ in A mit für alle $n \in \boldsymbol{N}$:

$$f(n) = T(f \mid \boldsymbol{N}(n)) = F(A \setminus \{f_i\}_{i<n}).$$

f ist sofort eineindeutig; denn für $m < n$ ist

$$f(n) = F(A \setminus \{f_i\}_{i<n}) \in A \setminus \{f_i\}_{i<n},$$

also $f(n) \neq f(m)$ wegen $m < n$ und damit $f(m) \notin A \setminus \{f_i\}_{i<n}$. Damit gilt schließlich für $X = \mathrm{W}(f)$:

$$\boldsymbol{N} \sim X \subseteq A.$$

In Folgerung von Satz 3 ist erneut $\boldsymbol{N}$ unendlich wegen

$$\boldsymbol{N} \sim \boldsymbol{N} \setminus \{0\} \subset \boldsymbol{N},$$

und für natürliche Zahlen n, m erhält man nochmals

$$\boldsymbol{N}(n) \sim \boldsymbol{N}(m) \leftrightarrow n = m,$$
$$\boldsymbol{N}(n) \lesssim \boldsymbol{N}(m) \leftrightarrow n \leqq m,$$
$$\boldsymbol{N}(n) \prec \boldsymbol{N}(m) \leftrightarrow n < m,$$

da im Falle $\boldsymbol{N}(n) \sim X \subseteq \boldsymbol{N}(m)$ und etwa $m < n$ wäre:

$$\boldsymbol{N}(n) \sim X \subset \boldsymbol{N}(n).$$

Satz 4. *Eine Menge A ist endlich*

a) *genau dann, wenn für jede Funktion f von A in A gilt:*

$$f \text{ eineindeutig} \rightarrow \mathrm{W}(f) = A\,,$$

b) *genau dann, wenn für jede Funktion f von A in A gilt:*

$$\mathrm{W}(f) = A \rightarrow f \text{ eineindeutig}\,,$$

c) *genau dann, wenn für jede Teilmenge $X \subseteq A$ gilt:*

$$X \subset A \rightarrow X \prec A\,,$$

d) *genau dann, wenn $A \prec \boldsymbol{N}$ ist.*

Beweis. Ist A endlich und f eine Funktion von A in A, so gilt nach Satz 3:

$$f \text{ eineindeutig} \rightarrow A \sim \mathrm{W}(f) \subseteq A \rightarrow \mathrm{W}(f) = A\,.$$

Über das Auswahlaxiom und Satz 2, § 4 existiert eine Auswahlfunktion g der Abbildung f^{-1}, wobei dann g eineindeutig und im Falle $\mathrm{W}(g) = \mathrm{D}(f)$ auch f eineindeutig ist; damit gilt nach Satz 3:

$$\mathrm{W}(f) = A \rightarrow A \sim \mathrm{W}(g) \subseteq A \rightarrow \mathrm{W}(g) = A$$
$$\rightarrow f \text{ eineindeutig}\,.$$

Ist umgekehrt A unendlich und nach Satz 3 $A \sim X \subset A$ für ein X, so gibt es eine umkehrbare Funktion f von A auf X und ein $a \in A$; dann sind f und

$$g = f^{-1} \cup ((A \setminus X) \times \{a\})$$

Funktionen von A in A mit:

$$f \text{ eineindeutig} \wedge \mathrm{W}(f) \neq A\,,$$
$$\mathrm{W}(g) = A \wedge \neg\, g \text{ eineindeutig}\,.$$

Damit sind a), b) bewiesen. c) folgt unmittelbar aus Satz 3. Nun zu d). Ist A endlich, so $A \sim \boldsymbol{N}(n) \subseteq \boldsymbol{N}$ für ein n bei $\boldsymbol{N}(n) \nsim \boldsymbol{N}$ (da $\boldsymbol{N}(n)$ endlich, $\boldsymbol{N}$ unendlich), also $A \prec \boldsymbol{N}$. Ist umgekehrt $A \prec \boldsymbol{N}$, so $A \sim X \subseteq \boldsymbol{N}$ für ein X bei $X \nsim \boldsymbol{N}$; dann ist X nach Satz 18, § 4 beschränkt und nach Satz 17a), § 7 endlich, womit auch A endlich ist.

Satz 4a), b) ergibt für endliche Mengen A und Funktionen f von A in B bei $A \sim B$:

$$f \text{ eineindeutig} \leftrightarrow \mathrm{W}(f) = B.$$

Weitere Endlichkeitsdefinitionen erhält man nach RUSSELL, SIERPIŃSKI, KURATOWSKI und TARSKI auf Grund der induktiven Struktur der endlichen Mengen. Eine Menge A ist anschaulich genau dann endlich, wenn sie zu den in folgender Weise induktiv aus A ausgewählten endlichen Teilmengen gehört:

(1) $\emptyset$ ist *endlich.*

(2) Ist $X \subseteq A$, X endlich und $x \in A$, so ist auch $X \cup \{x\}$ *endlich.*

(3) Jede *endliche* Teilmenge $X \subseteq A$ kann sukzessiv mittels (1), (2) erhalten werden.

Das System dieser ausgewählten Mengen ist offenbar der Durchschnitt aller $M \subseteq \mathfrak{P}A$ mit

$$\emptyset \in M,$$

$$\forall X \, \forall x \, (X \in M \wedge x \in A \rightarrow X \cup \{x\} \in M).$$

Ebenso ist A anschaulich genau dann endlich, wenn A zu den folgenden induktiv aus A ausgewählten endlichen Teilmengen gehört:

(1) $\emptyset$ ist *endlich.*

(2) Für jedes $x \in A$ ist $\{x\}$ *endlich.*

(3) Sind $X, Y \subseteq A$ und X, Y endlich, so ist auch $X \cup Y$ *endlich.*

(4) Jede *endliche* Teilmenge $X \subseteq A$ kann sukzessiv mittels (1), (2), (3) erhalten werden.

Das System dieser ausgewählten Mengen ist offenbar der Durchschnitt aller $M \subseteq \mathfrak{P}A$ mit

$$\emptyset \in M,$$
$$\forall x\,(x \in A \to \{x\} \in M),$$
$$\forall X\,\forall Y\,(X, Y \in M \to X \cup Y \in M).$$

Schließlich ist mit TARSKI A anschaulich genau dann endlich, wenn es für jedes Mengensystem M mit $\emptyset \neq M \subseteq \mathfrak{P}A$ ein $X \in M$ gibt mit $Y \not\subset X$ für alle $Y \in M$ und ebenso genau dann, wenn es für jedes solche Mengensystem M ein $X \in M$ gibt mit $X \not\subset Y$ für alle $Y \in M$. Alle diese Vorstellungen ergeben den nachfolgenden Satz 5. Zuvor die

Definition 2. M sei ein Mengensystem und $X \in M$: X heißt ein *minimales* bzw. *maximales Element* von M, falls es kein $Y \in M$ gibt mit $Y \subset X$ bzw. $X \subset Y$. X ist minimales bzw. maximales Element von M genau dann, wenn für jedes $Y \in M$ gilt:

$$Y \subseteq X \to Y = X \quad \text{bzw.} \quad X \subseteq Y \to X = Y.$$

Für Mengensysteme M mit der Vergleichbarkeitseigenschaft

$$\forall X\,\forall Y\,(X, Y \in M \to X \subseteq Y \lor Y \subseteq X)$$

— solche Mengensysteme heißen auch *Mengenketten* — fallen die minimalen Elemente mit $\min M$ und die maximalen Elemente mit $\max M$ zusammen.

Satz 5. *Eine Menge A ist endlich*

a) $\leftrightarrow \forall M\,\big(M \subseteq \mathfrak{P}A \land \emptyset \in M \land$
$\forall X\,\forall x\,(X \in M \land x \in A \to X \cup \{x\} \in M)$
$\to A \in M\big)$,

b) $\leftrightarrow \forall M\,\big(M \subseteq \mathfrak{P}A \land \emptyset \in M \land$
$\forall x\,(x \in A \to \{x\} \in M) \land$
$\forall X\,\forall Y\,(X, Y \in M \to X \cup Y \in M)$
$\to A \in M\big)$,

c) $\leftrightarrow \forall M \big(\emptyset \neq M \subseteq \mathfrak{P}A \rightarrow \exists X$ (X *minimales Element von* M)$\big)$,

d) $\leftrightarrow \forall M \big(\emptyset \neq M \subseteq \mathfrak{P}A \rightarrow \exists X$ (X *maximales Element von* M)$\big)$.

Beweis. a) Man zeigt durch vollständige Induktion über n für jedes $n \in \boldsymbol{N}$: Jede Menge A mit $A \sim \boldsymbol{N}(n)$ ist Element jedes Mengensystems $M \subseteq \mathfrak{P}A$ mit

$$\emptyset \in M,$$
$$\forall X \, \forall x \, (X \in M \wedge x \in A \rightarrow X \cup \{x\} \in M).$$

Damit besitzt jede endliche Menge A die Eigenschaft a). Ist umgekehrt A eine unendliche Menge, so gilt für das Mengensystem E der endlichen Teilmengen von A:

$$E \subseteq \mathfrak{P}A, \qquad A \notin E,$$
$$\emptyset \in E,$$
$$\forall X \, \forall x \, (X \in E \wedge x \in A \rightarrow X \cup \{x\} \in E).$$

Damit besitzt keine unendliche Menge A die Eigenschaft a).

Nach demselben Verfahren beweist man, daß eine Menge A endlich ist genau dann, wenn bzw. b), c), d) gilt. Nur muß man bei c) an Stelle des Systems E der endlichen Teilmengen von A das System E' der Komplemente $A \setminus X$ aller endlichen Teilmengen $X \subseteq A$ wählen.

Satz 5 erlaubt ohne Verwendung natürlicher Zahlen *Beweise durch Induktion* für Behauptungen über alle endlichen Mengen. Darunter versteht man folgende Beweisprinzipien: Soll für alle endlichen Mengen A eine (mengentheoretisch formulierbare) Behauptung $\mathbf{B}(A)$ bewiesen werden, etwa

$$\mathbf{B}(A) \leftrightarrow \mathfrak{P}A \textit{ endlich},$$

so braucht man als Nachweis dafür, daß $\mathbf{B}(A)$ auf alle endlichen Mengen A zutrifft, nur eine der folgenden drei Gruppen von Aussagen zu beweisen:

(a) $\mathbf{B}(\emptyset)$,
$\forall X \forall x \big(X \textit{ endliche Menge} \wedge \mathbf{B}(X) \to \mathbf{B}(X \cup \{x\})\big)$;

(b) $\mathbf{B}(\emptyset)$,
$\forall x\, \mathbf{B}(\{x\})$,
$\forall X \forall Y \big(X, Y \textit{ endliche Menge} \wedge \mathbf{B}(X) \wedge \mathbf{B}(Y) \to \mathbf{B}(X \cup Y)\big)$;

(c) $\forall X \big(X \textit{ endliche Menge} \wedge \forall Y (Y \subset X \to \mathbf{B}(Y)) \to \mathbf{B}(X)\big)$.

Für jede fest vorgegebene und mengentheoretisch formulierbare Behauptung $\mathbf{B}(A)$ über endliche Mengen A erhält man folgende Rechtfertigung dieser drei Beweisprinzipien: Gilt (a) für $\mathbf{B}$, ist A eine endliche Menge und M die Menge aller $X \subseteq A$ mit $\mathbf{B}(X)$, so gilt nach (a):

$$\emptyset \in M,$$
$$\forall X \forall x (X \in M \wedge x \in A \to X \cup \{x\} \in M),$$

also ist $A \in M$ nach Satz 5a), also gilt $\mathbf{B}(A)$. Ebenso rechtfertigt man das zweite Prinzip unter Verwendung von Satz 5b). Gilt schließlich (c) für $\mathbf{B}$ und wäre A eine endliche Menge mit nicht $\mathbf{B}(A)$, so ist $\emptyset \neq M \subseteq \mathfrak{P}A$ für das System M aller $X \subseteq A$ mit nicht $\mathbf{B}(X)$; nach Satz 5c) gibt es ein minimales Element X von M; dann gilt aber $\mathbf{B}(Y)$ für alle $Y \subset X$, womit nach (c) $\mathbf{B}(X)$ gilt, also $X \notin M$, Widerspruch.

3. Unendliche Mengen. Unsere bisherigen Betrachtungen über endliche Mengen ergeben gleichzeitig einige allgemeine Aussagen für unendliche Mengen.

Satz 6. *Für Mengen A, B gilt:*

a) $A \sim B \,.\!\to\!.\, A$ *unendlich* $\leftrightarrow B$ *unendlich*,

b) $A \subseteq B \wedge A$ *unendlich* $\to B$ *unendlich*,

c) A *unendlich* $\leftrightarrow \exists X (A \sim X \subset A)$,

d) A *unendlich* $\leftrightarrow \boldsymbol{N} \preceq A$,

e) A *Grenzbereich* $\to A$ *unendlich*,

f) $A \subseteq B \wedge A$ *endlich* $\wedge B$ *Allbereich* $\to A \in B$.

Beweis. a), b), c) folgen unmittelbar aus den Sätzen 1 a), b) und 3.

d) Im Beweis zu Satz 3 haben wir gezeigt, daß jede unendliche Menge A eine abzählbar unendliche Teilmenge $X \subseteq A$ besitzt, womit $\boldsymbol{N} \sim X \subseteq A$ gilt, also $\boldsymbol{N} \preceq A$. Ist umgekehrt $\boldsymbol{N} \preceq A$, so $\boldsymbol{N} \sim X \subseteq A$ für ein X, womit A nach b) unendlich ist, da X mit $\boldsymbol{N}$ nach a) unendlich ist.

e) Ist A ein Grenzbereich (Definition 5, Bd. I, § 4), so ist $A \neq \emptyset$, und zu jedem $x \in A$ gibt es ein $y \in A$ mit $x \sqsubset y$. Sei f die Abbildung über A mit

$$f\langle\langle x\rangle\rangle = \{y \in A \mid x \sqsubset y\}$$

für jedes $x \in A$ und sei g eine über das Auswahlaxiom und Satz 2, § 4 existierende Auswahlfunktion von f; dann ist $A = \mathrm{D}(g)$ und stets $x \sqsubset g(x) \in A$. Für ein festes $c \in A$ und die Funktion

$$T(n, x) = g(x)$$

über $\boldsymbol{N} \times A$ existiert nach Satz 12, § 7 die Funktion a von $\boldsymbol{N}$ in A mit für jedes $n \in \boldsymbol{N}$:

$$a_0 = c, \qquad a_{n+1} = T(n, a_n) = g(a_n).$$

Damit ist stets $a_n \sqsubset a_{n+1}$, woraus bei festem n durch vollständige Induktion über m folgt:

$$n < m \to a_n \sqsubset a_m.$$

Also ist die Folge $(a_n)_{n<\infty}$ eineindeutig, also $\mathrm{W}(a)$ eine abzählbar unendliche Teilmenge von A, also $\boldsymbol{N} \preceq A$, womit A nach d) unendlich ist.

f) Sei $A \subseteq B$ und B Allbereich (Definition 5, Bd. I, § 5). Ist $A \notin B$, so ist $A \neq \emptyset$ (wegen $\emptyset \in B$), und für jedes $x \in A$ gibt es ein $y \in A$ mit $x \sqsubset y$; denn andernfalls gibt es ein $x \in A$ mit $y \sqsubseteq x$ für alle $y \in A$ und gibt es ein $z \in B$ mit $x \sqsubset z$, womit $y \sqsubset z$ für alle $y \in A$ gilt, also $A \sqsubseteq z \sqsubset B$, $A \in B$, Widerspruch. Insgesamt ist damit A im Falle $A \notin B$ ein Grenzbereich, also nach e) unendlich. Aus der Endlichkeit von A folgt somit $A \in B$.

Satz 6d) besagt, daß eine Menge unendlich ist genau dann, wenn sie eine abzählbar unendliche Teilmenge besitzt. Satz 6e) rechtfertigt die Formulierung des Unendlichkeitsaxioms (Bd. I, § 4, Abschn. 5) im Zusammenhang mit dem präzisierten Unendlichkeitsbegriff und liefert speziell die Unendlichkeit der Allbereiche. Satz 6f) und Satz 1h) ergeben für Allbereiche A und Funktionen F aus A in A:

$$\mathrm{D}(F) \textit{ endlich} \rightarrow \mathrm{D}(F), \mathrm{W}(F), F \in A;$$

denn man zeigt leicht, daß A gegenüber kartesischer Produktbildung $\times$ abgeschlossen ist. Speziell ist $\boldsymbol{N}$ Teilmenge jedes Allbereiches A (vgl. den Beweis zu Satz 1, § 7), so daß alle endlichen Folgen in A Elemente von A sind.

4. Abzählbare Mengen. Wir hatten in Definition 14, § 7 eine Menge A bzw. abzählbar, abzählbar unendlich, überabzählbar genannt, falls bzw. A endlich oder $A \sim \boldsymbol{N}$ ist, $A \sim \boldsymbol{N}$ ist, A unendlich und $A \nsim \boldsymbol{N}$ ist.

Satz 7. *Für Mengen A, B und Funktionen F gilt:*

$$A \textit{ unendlich} \leftrightarrow \neg\, A \textit{ endlich},$$

$$A \textit{ überabzählbar} \leftrightarrow \neg\, A \textit{ abzählbar},$$

$$A \sim B \,.\!\rightarrow\!.\, A \textit{ abzählbar} \leftrightarrow B \textit{ abzählbar},$$

$$A \sim B \,.\!\rightarrow\!. \quad A \textit{ abzählbar unendlich} \leftrightarrow B \textit{ abzählbar unendlich},$$

$$A \sim B \,.\!\rightarrow\!.\, A \textit{ überabzählbar} \leftrightarrow B \textit{ überabzählbar},$$

$$\begin{aligned}
A \textit{ endlich} &\leftrightarrow A < \boldsymbol{N} \leftrightarrow A \leq \boldsymbol{N} \wedge A \nsim \boldsymbol{N}, \\
A \textit{ unendlich} &\leftrightarrow \boldsymbol{N} \leq A \leftrightarrow \boldsymbol{N} < A \vee \boldsymbol{N} \sim A, \\
A \textit{ abzählbar} &\leftrightarrow A < \boldsymbol{N} \vee A \sim \boldsymbol{N} \leftrightarrow A \leq \boldsymbol{N}, \\
A \textit{ abzählbar unendlich} &\leftrightarrow A \sim \boldsymbol{N} \leftrightarrow A \leq \boldsymbol{N} \leq A \\
&\leftrightarrow A \textit{ abzählbar} \wedge A \textit{ unendlich}, \\
A \textit{ überabzählbar} &\leftrightarrow \boldsymbol{N} \leq A \wedge A \nsim \boldsymbol{N} \leftrightarrow \boldsymbol{N} < A \\
&\leftrightarrow \boldsymbol{N} \leq A \wedge A \not\leq \boldsymbol{N},
\end{aligned}$$

$$\mathrm{D}(F) \textit{ abzählbar} \to \mathrm{W}(F) \textit{ abzählbar},$$

$$A \leq B < \boldsymbol{N} \vee A < B \leq \boldsymbol{N} \to A < \boldsymbol{N},$$

$$A \leq \boldsymbol{N} < B \vee A < \boldsymbol{N} \leq B \to A < B,$$

$$\boldsymbol{N} \leq A < B \vee \boldsymbol{N} < A \leq B \to \boldsymbol{N} < B.$$

Beweis. Die ersten 11 Behauptungen folgen unmittelbar aus den Definitionen, Satz 9, § 7 und den Sätzen 4d), 6d). Weiter folgt aus

$$A \leq B < \boldsymbol{N} \vee A < B \leq \boldsymbol{N}$$

zunächst $A \leq \boldsymbol{N}$; wäre $A \sim \boldsymbol{N}$, so wäre

$$\boldsymbol{N} \leq B \leq \boldsymbol{N} \wedge (B < \boldsymbol{N} \vee \boldsymbol{N} < B)$$

bei

$$\boldsymbol{N} \leq B \leq \boldsymbol{N} \to B \sim \boldsymbol{N},$$

Widerspruch; also ist $A < \boldsymbol{N}$. Ebenso folgen die beiden letzten Behauptungen. ∎

(Wir werden in Band III bei der Einführung der Kardinalzahlen ganz allgemein für Mengen A, B, C zeigen können:

$$A \leq B \leq A \to A \sim B, \quad A < B < C \to A < C,$$

$$A \leq B \vee B \leq A.)$$

Nennt man eine Familie $(a_i)_{i \in I}$ bzw. *endlich*, *unendlich*, *abzählbar*, *abzählbar unendlich*, *überabzählbar*, wenn I die betreffende Eigenschaft hat, so fallen diese neuen Begriffe zusammen mit den entsprechenden Begriffen in bezug auf die Familie als Paarmenge; denn für jede Funktion F gilt:

$$F \sim \mathrm{D}(F).$$

Aus

$$A \text{ abzählbar} \leftrightarrow A \leq \boldsymbol{N}, \quad A \leq B \leq \boldsymbol{N} \rightarrow A \leq \boldsymbol{N}$$

folgt speziell

$$A \subseteq B \wedge B \text{ abzählbar} \rightarrow A \text{ abzählbar};$$

d. h.: Jede abzählbare Menge besitzt nur abzählbare Teilmengen. Aus

$$A \text{ überabzählbar} \leftrightarrow \boldsymbol{N} < A, \quad \boldsymbol{N} < A \leq B \rightarrow \boldsymbol{N} < B$$

folgt speziell

$$A \subseteq B \wedge A \text{ überabzählbar} \rightarrow B \text{ überabzählbar};$$

d. h.: Jede überabzählbare Menge besitzt nur überabzählbare Obermengen. Wegen

$$A \text{ unendlich} \leftrightarrow \boldsymbol{N} \leq A$$

sind die abzählbar unendlichen Mengen die hinsichtlich der „Elementeanzahl" kleinsten unendlichen Mengen und außerdem die der Anschauung am einfachsten zugänglichen unendlichen Mengen, da man ihre Elemente in einer Folge aufzählen kann. Wir wollen einige wichtige Eigenschaften abzählbarer Mengen zeigen. Grundlegend dafür ist der

Satz 8.

$$\boldsymbol{N} \times \boldsymbol{N} \sim \boldsymbol{N}.$$

Beweis. Anschaulich erhält man diese Gleichmächtigkeit sofort nach folgendem *Diagonalverfahren.* Man ordne alle Paare natürlicher Zahlen in einer unendlichen Matrix (einem unendlichen rechteckigen Schema) an:

$$\begin{matrix} (0,0) & (0,1) & (0,2) \\ (1,0) & (1,1) & (1,2) \\ (2,0) & (2,1) & (2,2) \\ \vdots & \vdots & \vdots \end{matrix}$$

und durchlaufe diese Matrix von (0,0) an ohne Wiederholung, etwa nach Diagonalen:

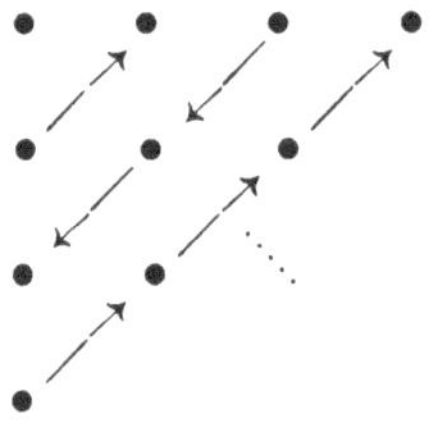

Man erhält eine konstruktive unendliche Abzählung aller Paare ohne Wiederholung, womit $\boldsymbol{N} \times \boldsymbol{N}$ abzählbar unendlich ist. Man braucht für den Beweis des Satzes nicht unbedingt eine konstruktive Abzählung der Elemente von $\boldsymbol{N} \times \boldsymbol{N}$. Wir bilden einfach die Abschnittsprodukte $\boldsymbol{N}(n) \times \boldsymbol{N}(n)$ hintereinander auf disjunkte Stücke von $\boldsymbol{N}$ ab, woraus dann

$$\boldsymbol{N} \times \boldsymbol{N} = \bigcup_{n<\infty} \big(\boldsymbol{N}(n) \times \boldsymbol{N}(n)\big) \preceq \boldsymbol{N}$$

folgt; $\boldsymbol{N} \preceq \boldsymbol{N} \times \boldsymbol{N}$ ist wegen

$$\boldsymbol{N} \sim \boldsymbol{N} \times \{0\} \subseteq \boldsymbol{N} \times \boldsymbol{N}$$

trivial; aus beidem folgt nach Satz 7 $\boldsymbol{N} \times \boldsymbol{N} \sim \boldsymbol{N}$. Nun zur exakten Durchführung.

Nach Satz 1f) ist $\boldsymbol{N}(n) \times \boldsymbol{N}(n)$ für jedes $n \in \boldsymbol{N}$ endlich, und es sei

$$c(n) = \operatorname{card}\big(\boldsymbol{N}(n) \times \boldsymbol{N}(n)\big).$$

(Es ist natürlich $c(n) = n^2$, was wir aber nicht brauchen.) Nach Satz 12, § 7 existiert die Funktion f von $\boldsymbol{N}$ in $\boldsymbol{N}$ mit

$$f(0) = c(0), \quad f(n+1) = f(n) + c(n+1).$$

Es ist stets $f(n) \leqq f(n+1)$, womit die Folge f monoton wächst. Für die Mengen

$$A(0) = \emptyset, \quad A(n+1) = \{x \in \boldsymbol{N} \mid f(n) \leqq x < f(n+1)\}$$

gilt

$$\boldsymbol{N}(c(0)) = \boldsymbol{N}(0) = \emptyset = A(0)$$

und nach Satz 16a), § 7:

$$\boldsymbol{N}(c(n+1)) \sim \boldsymbol{N}(f(n+1)) \setminus \boldsymbol{N}(f(n)) = A(n+1),$$

also generell

$$c(n) = \operatorname{card} A(n)$$

und damit

$$\boldsymbol{N}(n) \times \boldsymbol{N}(n) \sim A(n).$$

Die $A(n)$ sind paarweise disjunkt; denn ist etwa $n < m$, so $n + 1 \leqq m$, also $f(n+1) \leqq f(m)$, also $A(n+1) \cap A(m+1) = \emptyset$; außerdem ist $A(0) = \emptyset$. Satz 15e), § 7 ergibt somit

$$\boldsymbol{N} \times \boldsymbol{N} = \bigcup_{n<\infty} \big(\boldsymbol{N}(n) \times \boldsymbol{N}(n)\big) \leq \bigcup_{n<\infty} A(n) \subseteq \boldsymbol{N},$$

also $\boldsymbol{N} \times \boldsymbol{N} \leq \boldsymbol{N}$.

Satz 9. *Für Mengen A, B gilt:*

A, B abzählbar $\to A \times B$ abzählbar,

$A \sim \boldsymbol{N} \wedge B$ abzählbar $\wedge\, B \neq \emptyset \to A \times B \sim \boldsymbol{N}$.

Beweis. Sind $A, B \leq \boldsymbol{N}$, so gibt es Mengen $X, Y \subseteq \boldsymbol{N}$ mit $A \sim X$, $B \sim Y$; dann ist nach Satz 15c), § 7:

$$A \times B \sim X \times Y \subseteq \boldsymbol{N} \times \boldsymbol{N},$$

also nach Satz 8:

$$A \times B \leq \boldsymbol{N} \times \boldsymbol{N} \sim \boldsymbol{N}, \quad A \times B \leq \boldsymbol{N}.$$

Ist außerdem A unendlich und $B \neq \emptyset$, so muß $A \times B$ nach Satz 1f) unendlich sein.

Satz 10. *Für Mengenfamilien* $(A_i)_{i \in I}$, *Mengensysteme* M *und Mengen* B, C *gilt:*

a) I *abzählbar* $\wedge \forall i (i \in I \rightarrow A_i$ *abzählbar*$) \rightarrow$
$\bigcup_{i \in I} A_i$ *abzählbar,*

$\bigcup_{i \in I} A_i$ *abzählbar* $\rightarrow \forall i (i \in I \rightarrow A_i$ *abzählbar*$)$,

$\bigcup_{i \in I} A_i$ *abzählbar* $\wedge \forall i \forall j (i, j \in I \wedge i \neq j \rightarrow A_i \neq \emptyset$
$\wedge A_i \cap A_j = \emptyset) \rightarrow I$ *abzählbar,*

b) M *abzählbar* $\wedge \forall X (X \in M \rightarrow X$ *abzählbar*$) \rightarrow$
$\bigcup M$ *abzählbar,*

$\bigcup M$ *abzählbar* $\rightarrow \forall X (X \in M \rightarrow X$ *abzählbar*$)$,

$\bigcup M$ *abzählbar* $\wedge M$ *disjunkt* $\rightarrow M$ *abzählbar,*

c) I *endlich* $\wedge \forall i (i \in I \rightarrow A_i$ *abzählbar*$) \rightarrow$
$\bigtimes_{i \in I} A_i$ *abzählbar,*

$\bigtimes_{i \in I} A_i$ *abzählbar* $\wedge \bigtimes_{i \in I} A_i \neq \emptyset \rightarrow$
$\forall i (i \in I \rightarrow A_i$ *abzählbar*$)$,

$\bigtimes_{i \in I} A_i$ *abzählbar* $\wedge \forall i \exists x \exists y (i \in I \rightarrow x, y \in A_i$
$\wedge x \neq y) \rightarrow I$ *endlich,*

d) M *endlich* $\wedge \forall X (X \in M \rightarrow X$ *abzählbar*$) \rightarrow$
$\bigtimes M$ *abzählbar,*

$\bigtimes M$ *abzählbar* $\wedge \bigtimes M \neq \emptyset \rightarrow$
$\forall X (X \in M \rightarrow X$ *abzählbar*$)$,

$\bigtimes M$ *abzählbar* $\wedge \forall X \exists x \exists y (X \in M \rightarrow x, y \in X$
$\wedge x \neq y) \rightarrow M$ *endlich,*

e) C *endlich* $\wedge B$ *abzählbar* $\rightarrow B^C$ *abzählbar,*

B^C *abzählbar* $\wedge C \neq \emptyset \rightarrow B$ *abzählbar,*

B^C *abzählbar* $\wedge \exists b_1 \exists b_2 (b_1, b_2 \in B \wedge b_1 \neq b_2) \rightarrow$
C *endlich.*

Beweis. Anschaulich erhält man die erste Behauptung sofort nach dem folgenden *Diagonalverfahren*. Da I und die A_i abzählbar sind, kann man die Elemente von I als natürliche Zahlen 0, 1, 2, ... wählen (endlich oder unendlich viele, je nachdem, ob I endlich ist oder nicht) und für jeden Index i die Elemente von A_i in einer endlichen oder unendlichen Folge

$$a_{i0}, \quad a_{i1}, \quad a_{i2}, \quad \ldots$$

wiederholungsfrei abzählen. Man ordne alle Elemente a_{ij} in einer Matrix an:

$$\begin{matrix} a_{00} & a_{01} & a_{02} \\ a_{10} & a_{11} & a_{12} \\ a_{20} & a_{21} & a_{22} \\ \vdots & \vdots & \vdots \end{matrix}$$

(wobei nicht alle Paare (i, j) natürlicher Zahlen i, j auftreten müssen), durchlaufe diese Matrix von a_{00} an ohne Wiederholung der Indizes (i, j), etwa nach Diagonalen:

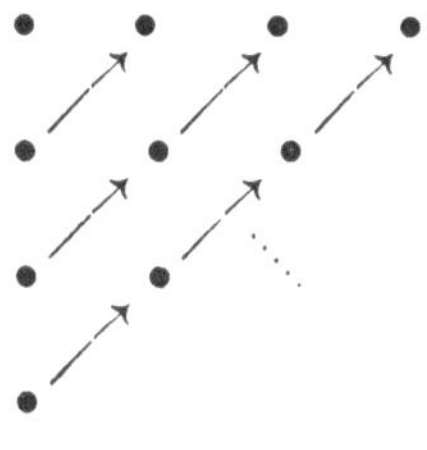

und streiche dabei wiederholt auftretende Elemente a_{ij}. Man erhält eine konstruktive endliche oder unendliche Abzählung aller Elemente von $\bigcup_{i \in I} A_i$ ohne Wiederholung, womit diese Vereinigung abzählbar ist. Nun zum exakten Beweis.

a) Sei $(A_i)_{i \in I}$ eine Mengenfamilie. Ist stets $A_i \preceq \boldsymbol{N}$, so auch

$$A_i \preceq \{i\} \times \boldsymbol{N} = N_i$$

bei paarweise disjunkten N_i. Ist noch $I \lesssim \boldsymbol{N}$, so gilt insgesamt nach Satz 15e), § 7 und Satz 9:

$$\bigcup_{i\in I} A_i \lesssim \bigcup_{i\in I} N_i = I \times \boldsymbol{N} \lesssim \boldsymbol{N},$$

womit $\bigcup_{i\in I} A_i$ abzählbar ist. Ist umgekehrt $\bigcup_{i\in I} A_i$ abzählbar, so auch jedes A_j als Teilmenge von $\bigcup_{i\in I} A_i$. Ist die Familie $(A_i)_{i\in I}$ noch disjunkt mit stets $A_i \neq \emptyset$, so ist I abzählbar, da jede Funktion $f \in \bigtimes_{i\in I} A_i \neq \emptyset$ eine eineindeutige Abbildung von I in $\bigcup_{i\in I} A_i$ ist.

b) folgt aus a) unter Vermittlung der Familie $A = \mathrm{Id}_M$.

c) Die erste Behauptung zeigen wir durch Induktion über den endlichen Indexbereich I (vgl. Abschn. 2). Für endliche Mengen I sei $\mathbf{B}(I)$ die Behauptung, daß $\bigtimes_{i\in I} A_i$ abzählbar ist für jede Mengenfamilie $(A_i)_{i\in I}$ mit abzählbaren A_i. Dann gilt $\mathbf{B}(\emptyset)$ wegen

$$\bigtimes_{i\in\emptyset} A_i = \{\emptyset\}.$$

Für jede endliche Menge I mit $\mathbf{B}(I)$ und jedes Objekt j ist bei $I' = I \cup \{j\}$ noch $\mathbf{B}(I')$ zu zeigen. $j \in I$ ist wegen dann $I' = I$ trivial. Sei also $j \notin I$ und $(A_i)_{i\in I'}$ eine Mengenfamilie mit abzählbaren A_i. Dann ist sofort

$$\bigtimes_{i\in I'} A_i \sim \bigtimes_{i\in I} A_i \times A_j,$$

also $\bigtimes_{i\in I'} A_i$ nach Satz 9 unter der Voraussetzung $\mathbf{B}(I)$ abzählbar. Damit folgt $\mathbf{B}(I')$ aus $\mathbf{B}(I)$, und die erste Behauptung von c) ist bewiesen. Sei jetzt umgekehrt $\bigtimes_{i\in I} A_i$ abzählbar für eine Mengenfamilie $(A_i)_{i\in I}$. Existiert ein $f_0 \in \bigtimes_{i\in I} A_i$, so sind alle A_i abzählbar; denn für jedes $j \in I$ ist

$$A_j \sim \left\{f \in \bigtimes_{i\in I} A_i \,\middle|\, f_0 = f \mid (I \setminus \{j\})\right\}.$$

Besitzt A_i stets mindestens zwei Elemente, so muß I endlich sein, da sonst nach dem anschließenden Hilfssatz

$$N \lesssim I < \bigtimes_{i \in I} A_i$$

wäre, also $\bigtimes_{i \in I} A_i$ nach Satz 7 überabzählbar im Widerspruch zur Voraussetzung.

Hilfssatz. Für jede Mengenfamilie $(A_i)_{i \in I}$, deren Mengen A_i mindestens zwei Elemente besitzen, ist

$$I < \bigtimes_{i \in I} A_i .$$

Beweis. Wie im Beweis zu Satz 2c) gibt es zwei Funktionen $f_1, f_2 \in \bigtimes_{i \in I} A_i$ mit $f_1(i) \neq f_2(i)$ für alle $i \in I$. Dann ist $I \lesssim \bigtimes_{i \in I} A_i$, da I gleichmächtig der Menge aller Funktionen $f \in \bigtimes_{i \in I} A_i$ ist, für die es ein $j \in I$ gibt mit

$$f(i) = \begin{cases} f_1(i) & \text{für} \quad i = j \\ f_2(i) & \text{für} \quad i \neq j . \end{cases}$$

$I \nsim \bigtimes_{i \in I} A_i$ zeigt man mit Hilfe des folgenden CANTORschen *Diagonalverfahrens*. Wäre $I \sim \bigtimes_{i \in I} A_i$, F eine (ein-)eindeutige Abbildung von I auf $\bigtimes_{i \in I} A_i$, definiert man die Funktion f über I zu $f_i = F_i(i)$ und wählt man noch eine Funktion $g \in \bigtimes_{i \in I} A_i$ mit stets $g_i \neq f_i$, so gibt es keinen Index j mit $F_j = (g_i)_{i \in I}$ wegen sonst

$$F_j(j) = f_j \neq g_j = F_j(j) .$$

Damit kann I nicht gleichmächtig zu $\bigtimes_{i \in I} A_i$ sein, und der Hilfssatz ist bewiesen.

d) folgt aus c) unter Vermittlung der Familie $A = \mathrm{Id}_M$.

e) folgt aus c) unter Vermittlung der Familie $A = (B)_{i \in C}$. ∎

Satz 10a), c) liefert natürlich speziell für Mengen A, B:

$$A, B \text{ abzählbar} \leftrightarrow A \cup B \text{ abzählbar},$$

$$A, B \text{ abzählbar} \rightarrow A \times B \text{ abzählbar},$$

$$A \times B \text{ abzählbar} \wedge A \times B \neq \emptyset \rightarrow A, B \text{ abzählbar};$$

denn für die Mengenfamilie $(C_i)_{i \in \{0,1\}}$ mit $C_0 = A$, $C_1 = B$ gilt:

$$A \cup B = \bigcup_{i \in \{0,1\}} C_i, \quad A \times B \sim \bigtimes_{i \in \{0,1\}} C_i.$$

Aus den Sätzen 10 und 2, 1 erhält man weitere Aussagen über abzählbare Unendlichkeit bei abzählbaren Mengenfamilien $(A_i)_{i \in I}$ abzählbarer A_i, bei abzählbaren Mengensystemen M abzählbarer Mengen und bei abzählbaren Mengen B, C:

$$\bigcup_{i \in I} A_i \sim \boldsymbol{N} \rightarrow I \sim \boldsymbol{N} \vee \exists i (i \in I \wedge A_i \sim \boldsymbol{N}),$$

$$\exists i (i \in I \wedge A_i \sim \boldsymbol{N}) \rightarrow \bigcup_{i \in I} A_i \sim \boldsymbol{N},$$

$$I \sim \boldsymbol{N} \wedge A \text{ eineindeutig} \rightarrow \bigcup_{i \in I} A_i \sim \boldsymbol{N},$$

$$\bigcup M \sim \boldsymbol{N} \leftrightarrow M \sim \boldsymbol{N} \vee \exists X (X \in M \wedge X \sim \boldsymbol{N});$$

sind noch I, M endlich:

$$\bigtimes_{i \in I} A_i \neq \emptyset \;.\!\rightarrow\!.\; \bigtimes_{i \in I} A_i \sim \boldsymbol{N} \leftrightarrow \exists i (i \in I \wedge A_i \sim \boldsymbol{N}),$$

$$\bigtimes M \neq \emptyset \;.\!\rightarrow\!.\; \bigtimes M \sim \boldsymbol{N} \leftrightarrow \exists X (X \in M \wedge X \sim \boldsymbol{N});$$

ist noch C endlich:

$$C \neq \emptyset \;.\!\rightarrow\!.\; B^C \sim \boldsymbol{N} \leftrightarrow B \sim \boldsymbol{N}.$$

Satz 11. *Für Mengen A, B gilt:*

a) *A unendlich $\leftrightarrow \exists X (X \subseteq A \wedge X$ abzählbar unendlich $\wedge A \setminus X$ unendlich$)$,*

b) *$B \subseteq A$, B abzählbar, $A \setminus B$ unendlich $\rightarrow A \setminus B \sim A$,*

c) $B \subseteq A$, *B endlich, A unendlich* $\rightarrow A \setminus B \sim A$,

d) $B \subseteq A$, *B abzählbar, A überabzählbar* $\rightarrow A \setminus B \sim A$,

e) *A unendlich, B abzählbar* $\rightarrow A \cup B \sim A$,

f) *A unendlich* $\leftrightarrow \exists X (X \subseteq A \wedge X \sim A \wedge A \setminus X$ *abzählbar unendlich*$)$.

Beweis. a) Nach Satz 8 ist für unendliches A:

$$\boldsymbol{N} \times \boldsymbol{N} \sim \boldsymbol{N} \leq A,$$

wobei für die Mengen

$$X_1 = \{0\} \times \boldsymbol{N}, \qquad X_2 = \{1\} \times \boldsymbol{N}$$

gilt:

$$\boldsymbol{N} \sim \underbrace{X_1, X_2} \subseteq \boldsymbol{N} \times \boldsymbol{N}, \qquad X_1 \cap X_2 = \emptyset.$$

Damit gibt es dann auch Mengen X, Y mit:

$$\boldsymbol{N} \sim \underbrace{X, Y} \subseteq A, \qquad X \cap Y = \emptyset,$$

und a) ist bewiesen.

b) Sei $B \subseteq A$, B abzählbar und $A \setminus B$ unendlich. Es gibt eine abzählbar unendliche Teilmenge $X \subseteq A \setminus B$; sei $Y = (A \setminus B) \setminus X$. Dann ist

$$A \setminus B = X \cup Y, \qquad A = (B \cup X) \cup Y$$

bei

$$X \cap Y = \emptyset, \qquad (B \cup X) \cap Y = \emptyset$$

und mit Satz 10a)

$$\boldsymbol{N} \sim X \leq B \cup X \leq \boldsymbol{N},$$

also

$$B \cup X \sim \boldsymbol{N} \sim X$$

nach Satz 7 und damit

$$A \setminus B = X \cup Y \sim (B \cup X) \cup Y = A.$$

c) Ist $B \subseteq A$, B endlich und A unendlich, so ist $A \setminus B$ unendlich, da sonst nach Satz 1d)

$$A = (A \setminus B) \cup B$$

endlich wäre. Damit folgt $A \setminus B \sim A$ aus b).

d) Ist $B \subseteq A$, B abzählbar und A überabzählbar, so ist $A \setminus B$ unendlich, da sonst nach Satz 10a)

$$A = (A \setminus B) \cup B$$

abzählbar wäre. Damit folgt $A \setminus B \sim A$ aus b).

e) Sei A unendlich und B abzählbar. Ist A abzählbar unendlich, so nach Satz 10a) auch $A \cup B$, also $A \cup B \sim A$. Ist A überabzählbar, so nach Satz 7 auch $A \cup (B \setminus A)$ bei abzählbarer Differenz $B \setminus A$. Nach d) ist damit

$$A = [A \cup (B \setminus A)] \setminus (B \setminus A) \sim A \cup (B \setminus A) = A \cup B.$$

f) Ist A abzählbar unendlich, so ist jedes nach a) existierende X mit

$$X \subseteq A, \ X \text{ abzählbar unendlich, } A \setminus X \text{ unendlich}$$

wegen $X \sim A$ eine gewünschte Menge X. Ist A überabzählbar und Y eine abzählbar unendliche Teilmenge $Y \subseteq A$, so ist nach d)

$$X = A \setminus Y \sim A,$$

womit X eine gewünschte Menge ist, da $A \setminus X = Y$ abzählbar unendlich ist.

Beispiele abzählbar unendlicher Mengen:

(1) $\boldsymbol{N}$, $\boldsymbol{Z}$, $\boldsymbol{Q}$ sind abzählbar unendlich. Es ist ja

$$\boldsymbol{Z} = \{n - m \mid n, m \in \boldsymbol{N}\}, \quad \boldsymbol{Q} = \{g:h \mid g, h \in \boldsymbol{Z}, h \neq 0\}.$$

Ist dann f_1 eine Funktion von $\boldsymbol{Z}$ in $\boldsymbol{N} \times \boldsymbol{N}$ und f_2 eine Funktion von $\boldsymbol{Q}$ in $\boldsymbol{Z} \times \boldsymbol{Z}$ mit stets

$$f_1(g) = (n, m) \to g = n - m$$
$$f_2(r) = (g, h) \to h \neq 0 \wedge r = g:h,$$

so sind f_1, f_2 eineindeutige Abbildungen, also

$$\boldsymbol{N} \subseteq \boldsymbol{Z} \leq \boldsymbol{N} \times \boldsymbol{N} \sim \boldsymbol{N}, \qquad \boldsymbol{Z} \sim \boldsymbol{N}$$

und

$$\boldsymbol{N} \sim \boldsymbol{Z} \subseteq \boldsymbol{Q} \leq \boldsymbol{Z} \times \boldsymbol{Z} \sim \boldsymbol{N}, \qquad \boldsymbol{Q} \sim \boldsymbol{N}.$$

Anschaulich erhält man die abzählbare Unendlichkeit von $\boldsymbol{Z}$, $\boldsymbol{Q}$ sofort; denn die ganzen Zahlen lassen sich als Folge

$$0,\ 1,\ -1,\ 2,\ -2,\ 3,\ -3,\ \ldots$$

schreiben, und alle rationalen Zahlen sind enthalten in der Matrix:

$$\begin{array}{ccccc}
0 & 1 & -1 & 2 & -2 \\
\frac{0}{2} & \frac{1}{2} & -\frac{1}{2} & \frac{2}{2} & -\frac{2}{2} \\
\frac{0}{3} & \frac{1}{3} & -\frac{1}{3} & \frac{2}{3} & -\frac{2}{3} \\
\frac{0}{4} & \frac{1}{4} & -\frac{1}{4} & \frac{2}{4} & -\frac{2}{4} \quad \cdots \\
 & \vdots & & &
\end{array}$$

Man könnte dann die abzählbare Unendlichkeit von $\boldsymbol{Q}$ auch konstruktiv mit einem *Diagonalverfahren* beweisen, indem man rekursiv eine Funktion f über $\boldsymbol{N}$ definiert, welche diese Matrix von 0 an etwa nach Diagonalen

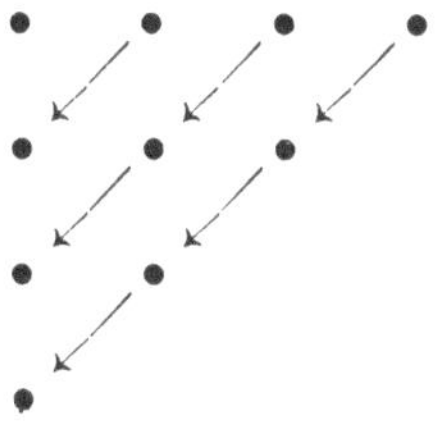

durchläuft, und anschließend aus f rekursiv eine Funktion g über $\boldsymbol{N}$ definiert, welche in der Folge f jedes wiederholt auftretende Glied streicht.

(2) Für rationale Zahlen $r < s$ ist das Intervall

$$I = \{x \in \boldsymbol{Q} \mid r \leqq x \leqq s\}$$

abzählbar unendlich; denn für jedes $n \in \boldsymbol{N}$, $n \neq 0$ ist

$$f(n) = r + \frac{s-r}{n} \in I \subseteq \boldsymbol{Q} \sim \boldsymbol{N},$$

wobei die Funktion f eineindeutig ist, also

$$\boldsymbol{N} \sim \boldsymbol{N} \setminus \{0\} = \mathrm{D}(f) \sim \mathrm{W}(f) \subseteq I \lesssim \boldsymbol{N}, \qquad I \sim \boldsymbol{N}.$$

(3) Für jede abzählbare Menge A und jedes $n \in \boldsymbol{N}$ ist die Menge $A^{\boldsymbol{N}(n)}$ der endlichen Folgen $(a_i)_{i<n}$ in A nach Satz 10e) abzählbar; ist noch A unendlich, so ist $A^{\boldsymbol{N}(n)}$ im Falle $n > 0$ nach Satz 1g) ebenfalls unendlich. Die Menge aller endlichen Folgen in einer Menge A ist

$$\mathfrak{F} = \bigcup_{n<\infty} A^{\boldsymbol{N}(n)}.$$

Ist dabei A abzählbar, so ist $\mathfrak{F}$ abzählbar nach Satz 10a). Ist noch A unendlich, also A insgesamt abzählbar unendlich, so auch $\mathfrak{F}$, also dann

$$\mathfrak{F} \sim \boldsymbol{N} \sim A;$$

es gibt abzählbar unendlich viele endliche Folgen in A.

(4) Für jede Menge A und jedes $n \in \boldsymbol{N}$ ist das System $E(n)$ der endlichen Teilmengen $X \subseteq A$ mit $n = \operatorname{card} X$ gleichmächtig einer Teilmenge von $A^{\boldsymbol{N}(n)}$; man ordne einfach jedem $X \in E(n)$ eine eineindeutige endliche Folge $(x_i)_{i<n}$ seiner Elemente zu. Weiter ist eine unendliche Menge A bei $n > 0$ gleichmächtig einer Teilmenge von $E(n)$; denn für eine feste eineindeutige endliche Folge $(a_i)_{i<n}$ in A ist nach Satz 11c)

$$A' = A \setminus \{a_i\}_{i<n} \sim A,$$

und man ordne jedem $x \in A'$ die Menge

$$X = \{x\} \cup \{a_i\}_{1 \leqq i < n}$$

zu bei dann $X \in E(n)$. Für unendliches A und $n > 0$ gilt also insgesamt

$$A \leq E(n) \leq A^{\boldsymbol{N}(n)}.$$

Hieraus folgt für abzählbar unendliches A nach (3) $E(n) \sim \boldsymbol{N}$ (bei $n > 0$), also nach Satz 10a) auch

$$\mathfrak{E} = \bigcup_{n<\infty} E(n) \sim \boldsymbol{N} \sim A$$

für die Menge $\mathfrak{E}$ aller endlichen Teilmengen von A; es gibt abzählbar unendlich viele endliche Teilmengen von A.

(5) Die Menge A der algebraischen Zahlen ist abzählbar unendlich. Eine *algebraische Zahl* ist dabei eine komplexe Zahl α mit $\sum_{\nu=0}^{n} a_\nu \alpha^\nu = 0$ für eine endliche Folge $(a_\nu)_{\nu \leqq n}$ ganzer (gleichwertig: rationaler) Zahlen a_ν mit $a_n \neq 0$. Sei $\mathfrak{F}$ die Menge aller dieser endlichen Folgen ganzer Zahlen und sei $N(a)$ für jedes $a \in \mathfrak{F}$ bei $a = (a_\nu)_{\nu \leqq n}$ die Menge aller komplexen Zahlen α mit $\sum_{\nu=0}^{n} a_\nu \alpha^\nu = 0$. Dann ist $\mathfrak{F}$ nach (3) wegen

$$\mathfrak{F} \subseteq \bigcup_{n<\infty} \boldsymbol{Z}^{\boldsymbol{N}(n)}$$

abzählbar, und aus der Algebra ist bekannt, daß $N(a)$ immer endlich ist. Damit ist A nach Satz 10a) abzählbar wegen

$$A = \bigcup_{a \in \mathfrak{F}} N(a),$$

also schließlich A abzählbar unendlich wegen etwa $\boldsymbol{Q} \subseteq A$.

5. Überabzählbare Mengen. Die Elemente überabzählbarer Mengen lassen sich nicht mehr im Rahmen irgendeines Bezeichnungssystems bezeichnen derart, daß jedem

Element umkehrbar eindeutig eine kennzeichnende Zeichenreihe zugeordnet wird; denn jedes Bezeichnungssystem kennt selbst theoretisch nur abzählbar unendlich viele verschiedene Zeichenreihen, ganz abgesehen davon, daß man bei praktisch durchzuführender Bezeichnung immer nur endlich viele Zeichenreihen beherrscht.

Wir haben bereits in Abschn. 4 überabzählbare Mengen kennengelernt; denn für jede Mengenfamilie $(A_i)_{i\in I}$, deren Mengen A_i mindestens zwei Elemente besitzen, ist (nach dem Hilfssatz im Beweis zu Satz 10c))

$$I < \bigtimes_{i\in I} A_i,$$

womit $\bigtimes_{i\in I} A_i$ überabzählbar ist, falls I unendlich ist, falls also $\boldsymbol{N} \leq I$ gilt. Für jede mindestens zweielementige Menge A und jede unendliche Menge I ist speziell

$$A^I = \bigtimes_{i\in I} A$$

überabzählbar, also auch stets die Menge $A^{\boldsymbol{N}}$ aller (unendlichen) Folgen in A, während bei abzählbarem A die Menge aller endlichen Folgen in A abzählbar ist.

Satz 12 (Satz von Cantor). *Für jede Menge A ist*

$$A < \mathfrak{P} A.$$

Beweis. Nach Satz 1, § 5 gilt für jede Menge A:

$$\bigtimes_{x\in A} \{0, 1\} = \{0, 1\}^A \sim \mathfrak{P} A,$$

außerdem ist (s. o.)

$$A < \bigtimes_{x\in A} \{0, 1\};$$

damit gilt insgesamt $A < \mathfrak{P} A$.

Neben diesem Beweis stammt von Cantor auch der folgende direkte Beweis. Zunächst ist $A \leq \mathfrak{P} A$ wegen

$$A \sim \{\{x\} \mid x \in A\} \subseteq \mathfrak{P} A.$$

Es ist auch $A \nsim \mathfrak{P}A$; denn wäre F eine (eineindeutige) Funktion von A auf $\mathfrak{P}A$ und wählt man die Menge

$$B = \{x \in A \mid x \notin F(x)\},$$

so würde bei $B = F(x_0)$ gelten:

$$x_0 \in B \leftrightarrow x_0 \notin B,$$

also gleichzeitig $x_0 \in B$ und $x_0 \notin B$, Widerspruch.
Der Satz von CANTOR liefert weitere überabzählbare Mengen; denn es gilt sofort:

$$A \text{ } \textit{unendlich} \rightarrow \mathfrak{P}A \text{ } \textit{überabzählbar}.$$

Nach Satz 11d) ergibt sich damit auch für abzählbar unendliche Mengen A und die Menge $\mathfrak{E}$ der endlichen Teilmengen von A wegen

$$\boldsymbol{N} \sim \mathfrak{E} \subseteq \mathfrak{P}A, \qquad \mathfrak{P}A \text{ } \textit{überabzählbar}:$$
$$\mathfrak{P}A \setminus \mathfrak{E} \sim \mathfrak{P}A;$$

es gibt überabzählbar viele unendliche Teilmengen von A.
Der Satz von CANTOR lehrt darüber hinaus die grundsätzliche Einsicht, daß es zu jeder (auch unendlichen) Menge A eine Menge B (etwa $B = \mathfrak{P}A$) noch höherer Mächtigkeit gibt, d. h. eine Menge B mit $A \prec B$. Der Bereich des Unendlichen ist also hinsichtlich Gleichmächtigkeit differenziert wie der Bereich des Endlichen. Es gibt seit CANTOR nicht mehr nur eine Sorte unendlicher Mengen hinsichtlich der „Elementeanzahl".

Ein besonders anschauliches Beispiel einer überabzählbaren Menge ist die Menge $\boldsymbol{R}$ der reellen Zahlen, wegen ihres stetigen Zusammenhanges auch das *Kontinuum* genannt. Es sind bereits die unendlichen Teilintervalle von $\boldsymbol{R}$ überabzählbar und mit $\boldsymbol{R}$ gleichmächtig. Dies wollen wir jetzt zeigen.

Definition 3. Seien $a, b \in \boldsymbol{R}$ mit $a \leq b$: Das bzw. *abgeschlossene*, *offene*, *rechtshalboffene*, *linkshalboffene*

Intervall von a bis b (oder auch: ... *mit den Endpunkten* bzw. *Randpunkten a, b*) ist bzw. die Menge

$$[a, b] = \{x \in \boldsymbol{R} \mid a \leqq x \leqq b\},$$
$$]a, b[= \{x \in \boldsymbol{R} \mid a < x < b\},$$
$$[a, b[= \{x \in \boldsymbol{R} \mid a \leqq x < b\},$$
$$]a, b] = \{x \in \boldsymbol{R} \mid a < x \leqq b\}$$

(bzw. gelesen: *abgeschlossenes, offenes, rechtshalboffenes, linkshalboffenes Intervall a, b*).

Wir entnehmen der Theorie der reellen Zahlen die *Systembruchdarstellung* oder *Systembruchentwicklung* der Zahlen des Intervalles $[0, 1[$ zur Basis g bei $2 \leqq g \in \boldsymbol{N}$: Für jedes $x \in [0, 1[$ gibt es mindestens eine Folge (a_n) natürlicher Zahlen a_n mit

$$0 \leqq a_n \leqq g - 1, \qquad x = \sum_{n=0}^{\infty} \frac{a_n}{g^{n+1}} = 0, a_0 a_1 a_2 a_3 \ldots.$$

Für $g = 10$ ist dies die übliche *Dezimalbruchdarstellung* von x, für $g = 2$ die *Dualbruchentwicklung* von x. Fordert man noch, daß nicht von einer Stelle n_0 ab alle Glieder $a_n = g - 1$ sind, so ist die Folge (a_n) zu x eindeutig bestimmt. (Bei $g = 10$ wird also z. B. von den beiden möglichen Entwicklungen $0{,}5000\ldots = 0{,}4999\ldots$ für $x = \frac{1}{2}$ die letzte ausgeschieden.) Unter $S(g)$ verstehen wir im folgenden die Menge aller Folgen (a_n) natürlicher Zahlen a_n mit $0 \leqq a_n \leqq g - 1$ und nicht $a_n = g - 1$ für alle n von einem Index n_0 ab. Es gilt dann für jedes $a \in S(g)$ auch

$$x = \sum_{n=0}^{\infty} \frac{a_n}{g^{n+1}} \in [0, 1[,$$

womit insgesamt

$$[0, 1[\sim S(g) \quad (*)$$

ist; denn die Funktion F über $[0, 1[$, welche jedem $x \in [0, 1[$ die Folge (a_n) aus seiner Systembruchentwicklung zuordnet, ist eine eineindeutige Abbildung von $[0, 1[$ auf $S(g)$. Wir brauchen für die weiteren Betrachtungen nur die aus der Systembruchdarstellung resultierende Gleichmächtigkeit (*).

Satz 13.

a) $[0, 1[$ *ist überabzählbar.*

b) $[0, 1[\sim \boldsymbol{R}$.

c) *Für jede natürliche Zahl* $n \geqq 2$ *ist*
$[0, 1[\sim \boldsymbol{N}(n)^{\boldsymbol{N}} \sim \mathfrak{P}\boldsymbol{N}$.

d) $[0, 1[\sim \boldsymbol{N}^{\boldsymbol{N}}$.

Beweis. a) Es ist $\boldsymbol{N} \lesssim [0, 1[$ wegen

$$\left\{\frac{1}{n}\right\}_{2 \leqq n \in \boldsymbol{N}} \subseteq [0, 1[\,.$$

$\boldsymbol{N} \nsim [0, 1[$ erhält man mit dem folgenden Cantorschen *Diagonalverfahren.* Nach den obigen Bemerkungen gilt bei fester Basis $g \geqq 2$:

$$[0, 1[\sim S(g);$$

sei F eine eineindeutige Abbildung von $[0, 1[$ auf $S(g)$. Wäre $\boldsymbol{N} \sim [0, 1[$, (x_m) eine Folge aller Elemente von $[0, 1[$ und

$$a_{mn} = F(x_m)(n)$$

für alle $n, m \in \boldsymbol{N}$, so wäre stets

$$F(x_m) = (a_{mn})_{n<\infty},$$

womit den Zahlen x_m mittels F die folgende Matrix zugeordnet ist:

$$\begin{array}{l} x_0 - a_{00}\ a_{01}\ a_{02}\ \cdots \\ x_1 - a_{10}\ a_{11}\ a_{12}\ \cdots \\ x_2 - a_{20}\ a_{21}\ a_{22}\ \cdots \end{array}$$

Man wähle die Folge (α_n) natürlicher Zahlen mit

$$\alpha_n = \begin{cases} 1 & \text{für} \quad a_{nn} = 0 \\ 0 & \text{für} \quad a_{nn} \neq 0. \end{cases}$$

Für $g \geqq 3$ ist $(\alpha_n) \in S(g)$, also

$$\xi = F^{-1}((\alpha_n)_{n<\infty}) \in [0, 1[,$$

womit der Zahl ξ mittels F gerade die Folge (α_n) zugeordnet ist:

$$\xi - \alpha_0 \ \alpha_1 \ \alpha_2 \ldots .$$

Wegen $\xi \in [0, 1[$ gibt es einen Index n mit $\xi = x_n$, also $F(\xi) = F(x_n)$, also speziell

$$\alpha_n = F(\xi)(n) = F(x_n)(n) = a_{nn}$$

im Widerspruch zur Definition von α, wonach gerade stets $\alpha_n \neq a_{nn}$ gilt.

b) Die Funktion f über $\left[\frac{1}{2}, 1\right[$ mit

$$f(x) = \frac{2x-1}{1-x}$$

ist eine eineindeutige Abbildung von $\left[\frac{1}{2}, 1\right[$ auf

$$R^+ = \{x \in \boldsymbol{R} \mid 0 \leqq x\},$$

die Funktion g über $\left[0, \frac{1}{2}\right[$ mit

$$g(x) = \frac{4x}{2x-1}$$

ist eine eineindeutige Abbildung von $\left[0, \frac{1}{2}\right[$ auf

$$R^- = \{x \in \boldsymbol{R} \mid x \leqq 0\}$$

bei $g(0) = 0$. Damit wird

$$R^- \setminus \{0\} \sim \left]0, \frac{1}{2}\right[, \quad R^+ \sim \left[\frac{1}{2}, 1\right[,$$

also

$$\boldsymbol{R} = (R^- \setminus \{0\}) \cup R^+ \sim \left]0, \frac{1}{2}\right[\cup \left[\frac{1}{2}, 1\right[= \left]0, 1\right[,$$

wobei aus der Unendlichkeit von $[0, 1[$ nach Satz 11c) auch

$$]0, 1[= [0, 1[\setminus \{0\} \sim [0, 1[$$

folgt; insgesamt gilt damit $[0, 1[\sim \boldsymbol{R}$.

c) Für jede natürliche Zahl $g \geqq 2$ ist $[0, 1[\sim S(g)$ und damit $S(g)$ unendlich. Die Menge $K(g)$ aller Folgen natürlicher Zahlen (a_n) mit stets $0 \leqq a_n \leqq g - 1$, die von einer Stelle n_0 an konstant gleich $g - 1$ sind, ist abzählbar. Hierzu sei $L(n_0)$ für jedes $n_0 \in \boldsymbol{N}$ die Gesamtheit aller Folgen $(a_n) \in K(g)$, für welche $a_n = g - 1$ für alle $n \geqq n_0$ ist. Offenbar ist

$$L(n_0) \sim \boldsymbol{N}(g)^{\boldsymbol{N}(n_0)},$$

womit $L(n_0)$ nach Satz 1g) endlich ist. Nach Satz 10a) ist damit

$$K(g) = \bigcup_{n_0 < \infty} L(n_0)$$

abzählbar. Schließlich ist nach Satz 11e)

$$\boldsymbol{N}(g)^{\boldsymbol{N}} = S(g) \cup K(g) \sim S(g) \sim [0, 1[.$$

Damit gilt für natürliche Zahlen $n \geqq 2$:

$$[0, 1[\sim \boldsymbol{N}(n)^{\boldsymbol{N}}$$

und speziell für $n = 2$:

$$[0, 1[\sim \boldsymbol{N}(2)^{\boldsymbol{N}} = \{0, 1\}^{\boldsymbol{N}} \sim \mathfrak{P}\,\boldsymbol{N}.$$

d) Es ist $[0, 1[\sim S(2)$. Für jede Folge $a \in S(2)$ gilt stets $a_n = 0$ oder $a_n = 1$, wobei nicht alle $a_n = 1$

sind von irgendeinem Index n_0 an. Für jedes n_0 existiert also ein $n \geqq n_0$ mit $a_n = 0$. Die Menge der Indizes n mit $a_n = 0$ ist unbeschränkt, womit diese Indizes eine echt wachsende Folge f bilden, nämlich die nach Satz 18, § 7 existierende Funktion f über $\boldsymbol{N}$ mit

$$f(0) = \min\{x \in \boldsymbol{N} \mid a_x = 0\},$$
$$f(n+1) = \min\{x \in \boldsymbol{N} \mid f(n) < x \wedge a_x = 0\}.$$

Wir beweisen zunächst, daß die Funktion F über $S(2)$, welche jedem $a \in S(2)$ diese Folge $f = F(a)$ zuordnet, eine eineindeutige Abbildung von $S(2)$ auf die Menge E aller echt wachsenden Folgen natürlicher Zahlen ist. F ist sofort eine Funktion auf E; denn ist $f \in E$, so ist $a \in S(2)$ mit $F(a) = f$ für die Folge a mit

$$a_n = \begin{cases} 0 & \text{für} \quad n \in \mathrm{W}(f) \\ 1 & \text{für} \quad n \notin \mathrm{W}(f). \end{cases}$$

F ist auch eineindeutig; denn ist $F(a) = f$, so ist a eindeutig durch f bestimmt als diejenige Folge $a \in S(2)$ mit

$$a_n = 0 \leftrightarrow n \in \mathrm{W}(f).$$

Damit ist $S(2) \sim E$. Es ist noch $\boldsymbol{N}^{\boldsymbol{N}} \sim E$ zu zeigen. Man kann aber jeder Folge f natürlicher Zahlen die nach Satz 12, § 7 existierende echt wachsende Summenfolge s zuordnen mit

$$s(0) = f(0), \qquad s(n+1) = s(n) + f(n+1) + 1.$$

Die Funktion F, welche jedem $f \in \boldsymbol{N}^{\boldsymbol{N}}$ diese Folge $s = F(f) \in E$ zuordnet, ist sofort eine eineindeutige Abbildung von $\boldsymbol{N}^{\boldsymbol{N}}$ auf E; denn für jedes $s \in E$ ist die Folge f mit

$$f(0) = s(0), \qquad f(n+1) = s(n+1) - s(n) - 1$$

die eindeutig bestimmte Folge $f \in \boldsymbol{N}^{\boldsymbol{N}}$ mit $F(f) = s$. Damit ist $\boldsymbol{N}^{\boldsymbol{N}} \sim E$. ∎

Satz 13a), b) liefert sofort bei reellen $a < b$ die Überabzählbarkeit der Intervalle

$$[a, b], \quad]a, b[, \quad [a, b[, \quad]a, b]$$

und ihre Gleichmächtigkeit mit $\boldsymbol{R}$; denn diese vier Intervalle sind unendlich und damit nach Satz 11c) alle gleichmächtig zu $[a, b[$, und die Funktion

$$f(x) = a + (b - a)x$$

über $[0, 1[$ ist eine eineindeutige Abbildung von $[0, 1[$ auf $[a, b[$. Jedes noch so kleine Intervall reeller Zahlen besitzt kontinuumviele Zahlen, d. h. ist gleichmächtig zu $\boldsymbol{R}$. Auch die *unbegrenzten Intervalle*

$$\begin{aligned}
[a, \rightarrow[\; &= \{x \in \boldsymbol{R} \mid a \leqq x\}, \\
]a, \rightarrow[\; &= \{x \in \boldsymbol{R} \mid a < x\}, \\
]\leftarrow, a] &= \{x \in \boldsymbol{R} \mid x \leqq a\}, \\
]\leftarrow, a[&= \{x \in \boldsymbol{R} \mid x < a\}, \\
]\leftarrow, \rightarrow[&= \boldsymbol{R}
\end{aligned}$$

sind alle mit $\boldsymbol{R}$ gleichmächtig; denn mittels

$$f(x) = a + x \quad \text{bzw.} \quad f(x) = a - x$$

ist

$$[0, \rightarrow[\; \sim [a, \rightarrow[, \;]\leftarrow, a]$$

und mittels

$$f(x) = \frac{x}{1 - x}$$

ist

$$[0, 1[\; \sim [0, \rightarrow[.$$

Satz 13b), c) besagt

$$\boldsymbol{R} \sim \mathfrak{P}\boldsymbol{N};$$

es gibt kontinuumviele Mengen natürlicher Zahlen. Damit ist die Frage nach Mächtigkeiten zwischen $\boldsymbol{N}$ und $\mathfrak{P}\boldsymbol{N}$, also nach Mengen X mit

$$\boldsymbol{N} < X < \mathfrak{P}\boldsymbol{N},$$

gleichwertig mit dem *Kontinuumproblem*: Gibt es Mengen X mit

$$\boldsymbol{N} < X < \boldsymbol{R}?$$

Für endliche Mengen A mit mindestens zwei Elementen a_1, a_2 gibt es stets Zwischenmengen X mit $A < X < \mathfrak{P}A$; man wähle etwa

$$X = \{\{x\} \mid x \in A\} \cup \{a_1, a_2\}.$$

Für $A = \boldsymbol{N}$ sind alle Versuche, die Existenz solcher Zwischenmengen nachzuweisen, bisher fehlgeschlagen. Man vermutet deshalb als *Kontinuumhypothese*: Es gibt keine Mächtigkeiten zwischen $\boldsymbol{N}$ und $\boldsymbol{R}$. In Band III werden wir auf die Kontinuumhypothese und ihre Verallgemeinerung, die Alephhypothese, näher eingehen. Die *Alephhypothese* ist die Vermutung, daß es für beliebige unendliche Mengen A keine Mächtigkeiten zwischen A und $\mathfrak{P}A$ gibt.
Auf Grund der Überabzählbarkeit von $\boldsymbol{R}$ und der Abzählbarkeit von $\boldsymbol{Q}$ und der Menge A aller reellen algebraischen Zahlen gilt

$$\boldsymbol{R} \setminus \boldsymbol{Q} \sim \boldsymbol{R}, \qquad \boldsymbol{R} \setminus A \sim \boldsymbol{R},$$

womit diese Mengen der *irrationalen* bzw. *transzendenten Zahlen* überabzählbar sind.

Mit Satz 13 erhält man noch die folgenden interessanten Mächtigkeitsaussagen im Zusammenhang mit $\boldsymbol{R}$.

Satz 14. *Für Mengenfamilien* $(A_i)_{i\in I}$ *mit* $I \neq \emptyset$ *und* $A_i \sim \boldsymbol{R}$ *für alle* $i \in I$ *und für Mengen* B, C *gilt:*

a) I *abzählbar* $\wedge$ $(A_i)_{i\in I}$ *disjunkt* $\rightarrow \bigcup_{i\in I} A_i \sim \boldsymbol{R}$,

b) I *abzählbar* $\rightarrow \bigtimes_{i\in I} A_i \sim \boldsymbol{R}$,

c) $B \sim \boldsymbol{R} \wedge C$ *abzählbar* $\wedge\ C \neq \emptyset \rightarrow B^C \sim \boldsymbol{R}$,

d) $I \sim \boldsymbol{R} \wedge (A_i)_{i\in I}$ *disjunkt* $\rightarrow \bigcup_{i\in I} A_i \sim \boldsymbol{R}$.

Beweis. a) Ist I abzählbar und $I \neq \emptyset$, so ist $I \sim \boldsymbol{N}$ oder $I \sim \boldsymbol{N}(n)$ für ein $n \neq 0$, also gibt es eine wiederholungsfreie Abzählung i von I, d. h. eine umkehrbare Funktion i über $\boldsymbol{N}$ oder über $\boldsymbol{N}(n)$ mit $I = \mathrm{W}(i)$. Dann ist

$$\bigcup_{j \in I} A_j = \bigcup_{\nu < \infty} A_{i(\nu)} \quad \text{oder} \quad \bigcup_{j \in I} A_j = \bigcup_{\nu < n} A_{i(\nu)}$$

und nach Voraussetzung stets

$$A_{i(\nu)} \sim \boldsymbol{R} \sim [\nu, \nu + 1[,$$

also wegen der Disjunktheit der $A_{i(\nu)}$ und der Intervalle $[\nu, \nu + 1[$ schließlich nach Satz 15d), § 7:

$$\bigcup_{\nu < \infty} A_{i(\nu)} \sim \bigcup_{\nu < \infty} [\nu, \nu + 1[= [0, \rightarrow[\sim \boldsymbol{R}$$

oder

$$\bigcup_{\nu < n} A_{i(\nu)} \sim \bigcup_{\nu < n} [\nu, \nu + 1[= [0, n[\sim \boldsymbol{R}.$$

b) Für Mengen A, B mit $A \sim B \sim \boldsymbol{R}$ gilt zunächst $A \times B \sim \boldsymbol{R}$. Denn nach Satz 13b), c) ist etwa

$$\boldsymbol{R} \sim \{0, 1\}^{\boldsymbol{N}},$$

womit es eine eineindeutige Abbildung f von A auf $\{0, 1\}^{\boldsymbol{N}}$ und eine eineindeutige Abbildung g von B auf $\{0, 1\}^{\boldsymbol{N}}$ gibt. Dann ist die Funktion F über $A \times B$, welche jedem Paar $(a, b) \in A \times B$ die Folge (h_n) zuordnet mit

$$h_n = \begin{cases} f(a)\,(m), & \text{falls } n = 2m \\ g(b)\,(m), & \text{falls } n = 2m + 1, \end{cases}$$

eine eineindeutige Abbildung von $A \times B$ auf $\{0, 1\}^{\boldsymbol{N}}$. Damit ist

$$A \times B \sim \{0, 1\}^{\boldsymbol{N}} \sim \boldsymbol{R}.$$

Nun folgt

$$\bigtimes_{i \in I} A_i \sim \boldsymbol{R}$$

für endliches $I \neq \emptyset$ bei $A_i \sim \boldsymbol{R}$ durch Induktion über die endliche Menge I; denn ist $I = \cup \{j\}$ bei $j \notin I$, so ist

$$\bigtimes_{i \in I'} A_i \sim \bigtimes_{i \in I} A_i \times A_j .$$

Es ist noch für abzählbar unendliches I bei $A_i \sim \boldsymbol{R}$ zu zeigen $\bigtimes_{i \in I} A_i \sim \boldsymbol{R}$. Ist f eine eineindeutige Abbildung von $\boldsymbol{N}$ auf I, so ist nach Satz 10, § 5

$$\bigtimes_{i \in I} A_i \sim \bigtimes_{n < \infty} A_{f(n)} ,$$

womit wir von vornherein $I = \boldsymbol{N}$ annehmen dürfen. Wegen $A_i \sim \{0, 1\}^{\boldsymbol{N}}$ für jedes $i \in \boldsymbol{N}$ existiert eine Folge $(f_i)_{i<\infty}$ von eineindeutigen Abbildungen f_i von A_i auf $\{0, 1\}^{\boldsymbol{N}}$. Jedem $a \in \bigtimes_{i<\infty} A_i$ ist dann zugeordnet die Folgenfolge

$$F(a) = \big(f_i(a_i)\big)_{i<\infty} ,$$

anschaulich als Matrix:

$$\begin{array}{l}
f_0(a_0) - b_{00} \; b_{01} \; b_{02} \; \ldots \\
f_1(a_1) - b_{10} \; b_{11} \; b_{12} \; \ldots \\
f_2(a_2) - b_{20} \; b_{21} \; b_{22} \; \ldots
\end{array}$$

F ist sofort eineindeutig; denn aus

$$F(a) = \big(f_i(a_i)\big)_{i<\infty} = \big(f_i(a_i')\big)_{i<\infty} = F(a')$$

folgt $a_i = a_i'$ für alle $i \in \boldsymbol{N}$, also $a = a'$. Man vermutet

$$\mathrm{W}(F) \sim \{0, 1\}^{\boldsymbol{N}} , \qquad (*)$$

da man offenbar einer obigen Matrix (b_{ij}) in umkehrbar eindeutiger Weise eine einfache Folge (c_n) aller Elemente

b_{ij} zuordnen kann, indem man die b_{ij} etwa nach Diagonalen abläuft:

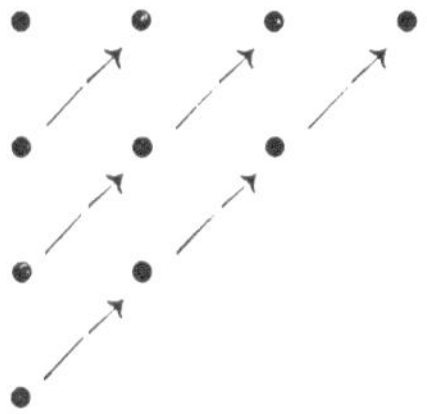

Insgesamt wäre dann F eine eineindeutige Abbildung über $\bigtimes_{i<\infty} A_i$ mit einem mit $\boldsymbol{R}$ gleichmächtigen Wertebereich $\mathrm{W}(F)$, also $\bigtimes_{i<\infty} A_i \sim \boldsymbol{R}$. Dies ist der Beweisgedanke. An Stelle des diagonalen Ablaufens der b_{ij} genügt irgendeine hinsichtlich der Indizes (i, j) eineindeutige Abzählung der b_{ij}. Sei also, in exakter Durchführung des Beweises zu (*), k eine nach Satz 8 existierende eineindeutige Abbildung von $\boldsymbol{N}$ auf $\boldsymbol{N} \times \boldsymbol{N}$. Jeder Doppelfolge $(b_{ij})_{i,j<\infty}$ lauter Zahlen 0 oder 1 ordne man zu die Folge

$$G(b) = (b_{k(n)})_{n<\infty} \in \{0, 1\}^{\boldsymbol{N}}.$$

Dann ist G eine eineindeutige Abbildung von $\mathrm{W}(F)$ auf $\{0, 1\}^{\boldsymbol{N}}$, und (*) ist bewiesen. (Man bemerkt, daß man mit diesem Verfahren die Behauptung b) auch einheitlich für beliebiges abzählbares $I \neq \emptyset$ beweisen kann; denn es ist $\boldsymbol{N} \sim I \times \boldsymbol{N}$, und man verwende eine eineindeutige Abbildung k von $\boldsymbol{N}$ auf $I \times \boldsymbol{N}$.)

c) folgt aus b) unter Vermittlung der Familie $A = (B)_{i \in C}$.

d) Ist f eine eineindeutige Abbildung von I auf $\boldsymbol{R}$ und stets $A_i \sim \boldsymbol{R}$ für $i \in I$, so auch

$$A_i \sim \boldsymbol{R} \times \{f_i\},$$

also bei Disjunktheit der A_i nach b):

$$\bigcup_{i \in I} A_i \sim \bigcup_{i \in I} (\boldsymbol{R} \times \{f_i\}) = \boldsymbol{R} \times \boldsymbol{R} \sim \boldsymbol{R}. \blacksquare$$

Satz 14a), b) liefert speziell für Mengen A, B:

$$A \sim B \sim \boldsymbol{R} \wedge A \cap B = \emptyset \to A \cup B \sim \boldsymbol{R},$$
$$A \sim B \sim \boldsymbol{R} \to A \times B \sim \boldsymbol{R}.$$

Damit wird $\boldsymbol{R} \times \boldsymbol{R} \sim \boldsymbol{R}$, also auch

$$\boldsymbol{C} \sim \boldsymbol{R};$$

denn aus den Axiomen der komplexen Zahlen folgt zu jeder komplexen Zahl z die eindeutige Existenz eines reellen Paares (x, y) mit $z = x + iy$, womit insgesamt $\boldsymbol{C} \sim \boldsymbol{R} \times \boldsymbol{R}$ ist. Nach Satz 14c) gilt

$$\boldsymbol{R}^{\boldsymbol{N}(n)} \sim \boldsymbol{R} \text{ für } n \neq 0,$$

womit der n-dimensionale Zahlenraum $\boldsymbol{R}^n$ (vgl. § 10, Abschn. 3), dessen Punkte eineindeutig den endlichen reellen Folgen $(x_\nu)_{\nu<n} \in \boldsymbol{R}^{\boldsymbol{N}(n)}$ zugeordnet sind und der für $n = 3$ geometrisch dem 3-dimensionalen Anschauungsraum entspricht, genau so viele Punkte enthält wie jedes noch so kleine reelle Intervall $]a, b[\neq \emptyset$!

In Band III werden wir allgemeinere Gesetze über das Rechnen mit $\sim$, $\lesssim$, $<$ kennenlernen, von denen dann Sätze wie Satz 14 (sogar ohne die in a), d) vorausgesetzte Disjunktheit) nur Spezialfälle sind.

Abschließend geben wir noch eine Übersicht über die Mächtigkeitsbeziehungen im Zusammenhang mit Vereinigung, kartesischem Produkt und Mengenpotenz von Mengen abzählbar unendlicher Mächtigkeit oder der Mächtigkeit des Kontinuums. Diese beiden Mächtigkeiten sind die für den praktischen mathematischen Gebrauch (etwa in der Analysis) wichtigsten unendlichen Mächtigkeiten.

Satz 15. *Für Mengen A, B gilt:*

$$A \sim \boldsymbol{N} \wedge B \lesssim \boldsymbol{N} \to A \cup B \sim \boldsymbol{N},$$
$$A \sim \boldsymbol{R} \wedge B \lesssim \boldsymbol{N} \to A \cup B \sim \boldsymbol{R},$$
$$A \sim B \sim \boldsymbol{R} \wedge A \cap B = \emptyset \to A \cup B \sim \boldsymbol{R}.$$

$$A \sim \boldsymbol{N} \wedge \emptyset \neq B \lesssim \boldsymbol{N} \rightarrow A \times B \sim \boldsymbol{N},$$

$$A \sim \boldsymbol{R} \wedge \emptyset \neq B \lesssim \boldsymbol{N} \rightarrow A \times B \sim \boldsymbol{R},$$

$$A \sim B \sim \boldsymbol{R} \rightarrow A \times B \sim \boldsymbol{R},$$

$$A \sim \boldsymbol{N} \wedge B \text{ endlich} \wedge B \neq \emptyset \rightarrow A^B \sim \boldsymbol{N},$$

$$A \sim \boldsymbol{R} \wedge B \text{ endlich} \wedge B \neq \emptyset \rightarrow A^B \sim \boldsymbol{R},$$

$$A \text{ endlich} \wedge \exists a_1 \exists a_2 (a_1, a_2 \in A \wedge a_1 \neq a_2)$$
$$\wedge B \sim \boldsymbol{N} \rightarrow A^B \sim \boldsymbol{R},$$

$$A \sim B \sim \boldsymbol{N} \rightarrow A^B \sim \boldsymbol{R},$$

$$A \sim \boldsymbol{R} \wedge B \sim \boldsymbol{N} \rightarrow A^B \sim \boldsymbol{R}.$$

Beweis. Die Behauptungen folgen unmittelbar aus den bisher bewiesenen Sätzen. ∎

6. Zusammenfassung der Begriffe. Für Mengen A, Mengensysteme M und reelle Zahlen a, b mit $a \leqq b$ gilt:

$$\begin{aligned} A \text{ endlich (finit)} &\leftrightarrow \exists n (n \in \boldsymbol{N} \wedge A \sim \boldsymbol{N}(n)) \\ &\leftrightarrow \neg \exists X (A \sim X \subset A) \\ &\leftrightarrow A \prec \boldsymbol{N}, \end{aligned}$$

$$\begin{aligned} A \text{ unendlich (transfinit)} &\leftrightarrow \neg A \text{ endlich} \\ &\leftrightarrow \exists X (A \sim X \subset A) \\ &\leftrightarrow \boldsymbol{N} \lesssim A, \end{aligned}$$

$$A \text{ minimales Element von } M \leftrightarrow A \in M \wedge$$
$$\neg \exists X (X \in M \wedge X \subset A),$$

$$A \text{ maximales Element von } M \leftrightarrow A \in M \wedge$$
$$\neg \exists X (X \in M \wedge A \subset X),$$

$$M \text{ Mengenkette} \leftrightarrow$$
$$\forall X \forall Y (X, Y \in M \rightarrow X \subseteq Y \vee Y \subseteq X),$$

$$\begin{aligned} A \text{ abzählbar} &\leftrightarrow A \text{ endlich} \vee A \sim \boldsymbol{N} \\ &\leftrightarrow A \lesssim \boldsymbol{N}, \end{aligned}$$

$$
\begin{aligned}
A \text{ abzählbar unendlich } &\leftrightarrow A \sim \boldsymbol{N} \\
&\leftrightarrow A \text{ abzählbar} \wedge A \text{ unendlich},
\end{aligned}
$$

$$
\begin{aligned}
A \text{ überabzählbar } &\leftrightarrow A \text{ unendlich} \wedge A \nsim \boldsymbol{N} \\
&\leftrightarrow \neg\, A \text{ abzählbar} \\
&\leftrightarrow \boldsymbol{N} \prec A,
\end{aligned}
$$

$$
\begin{aligned}
&[a, b] = \{x \in \boldsymbol{R} \mid a \leqq x \leqq b\}, \\
&]a, b[= \{x \in \boldsymbol{R} \mid a < x < b\}, \\
&[a, b[= \{x \in \boldsymbol{R} \mid a \leqq x < b\}, \\
&]a, b] = \{x \in \boldsymbol{R} \mid a < x \leqq b\}, \\
&[a, \rightarrow[= \{x \in \boldsymbol{R} \mid a \leqq x\}, \\
&]a, \rightarrow[= \{x \in \boldsymbol{R} \mid a < x\}, \\
&]\leftarrow, a] = \{x \in \boldsymbol{R} \mid x \leqq a\}, \\
&]\leftarrow, a[= \{x \in \boldsymbol{R} \mid x < a\}, \\
&]\leftarrow, \rightarrow[= \boldsymbol{R}.
\end{aligned}
$$

§ 10. Induktive Definitionen mathematischer Grundbegriffe

1. Vorbemerkungen. Wir hatten in Kapitel I oft sukzessive Begriffsbildungen vorgenommen wie in § 1 die Definitionen der Einermengen, Zweiermengen, Dreiermengen, ..., der mehrstelligen Vereinigungen, Durchschnitte, symmetrischen Differenzen und in § 2 die Definitionen der Tupel, der mehrstelligen kartesischen Produkte und mehrstelligen Abbildungsprodukte. Wir hatten außerdem vermerkt, daß man nach Einführung der Funktionen und natürlichen Zahlen alle ehemals nur sukzessiv für die einzelnen Stellenzahlen ausgesprochenen und bewiesenen Gesetzmäßigkeiten simultan für eine beliebige endliche Stellenzahl n formulieren und beweisen kann. Dies soll jetzt geschehen. Zunächst müssen die betreffenden Begriffsbildungen n-stellig (auch: n-fach) vorgenommen werden. Das geschieht in der Regel mittels rekursiver Definitionen.

In manchen Fällen kann man die Rekursion umgehen wie bei den n-er-Mengen, den n-stelligen Vereinigungen und n-stelligen Durchschnitten. Wir haben ja bereits für Elementefamilien $(a_i)_{i\in I}$ und Mengenfamilien $(A_i)_{i\in I}$ die Begriffe

$$\{a_i\}_{i\in I}, \qquad \bigcup_{i\in I} A_i, \qquad \bigcap_{i\in I} A_i$$

zur Verfügung. Für den speziellen Indexbereich

$$I = \{i \in \boldsymbol{N} \mid 1 \leqq i \leqq n\}$$

bei vorgegebener natürlicher Zahl $n \geqq 1$ (n heißt dann auch die *Länge* von a bzw. A) sind damit sofort definiert die *n-er-Menge* von a_1 bis a_n, die n-stellige (n-fache) *Vereinigung* und der n-stellige (n-fache) *Durchschnitt* von A_1 bis A_n, nämlich:

$$\begin{aligned}
\{a_1, \ldots, a_n\} = \{a_i\}_{1\leqq i\leqq n} &= \{a_i\}_{i\in I} \\
&= \{x \mid \exists i\, (i \in I \wedge x = a_i)\}, \\
\bigcup_{i=1}^{n} A_i = A_1 \cup \ldots \cup A_n &= \bigcup_{1\leqq i\leqq n} A_i = \bigcup_{i\in I} A_i \\
&= \{x \mid \exists i (i \in I \wedge x \in A_i)\}, \\
\bigcap_{i=1}^{n} A_i = A_1 \cap \ldots \cap A_n &= \bigcap_{1\leqq i\leqq n} A_i = \bigcap_{i\in I} A_i \\
&= \{x \mid \forall i\, (i \in I \rightarrow x \in A_i)\}
\end{aligned}$$

(man liest $\{a_1, \ldots, a_n\}$, $\bigcup_{i=1}^{n} A_i$, $\bigcap_{i=1}^{n} A_i$: *n-er-Menge a_1 bis a_n, Vereinigung A_i, $i = 1$ bis n, Durchschnitt A_i, $i = 1$ bis n*). Man hat sofort *Rekursionsgleichungen* zur Verfügung:

$$\begin{aligned}
\{a_1, \ldots, a_1\} &= \{a_1\}, \\
\{a_1, \ldots, a_{n+1}\} &= \{a_1, \ldots, a_n\} \cup \{a_{n+1}\}
\end{aligned}$$

und

$$\bigcup_{i=1}^{1} A_i = A_1, \quad \bigcup_{i=1}^{n+1} A_i = \bigcup_{i=1}^{n} A_i \cup A_{n+1},$$

$$\bigcap_{i=1}^{1} A_i = A_1, \quad \bigcap_{i=1}^{n+1} A_i = \bigcap_{i=1}^{n} A_i \cap A_{n+1}.$$

Damit gilt der Reihe nach für $n = 1, 2, 3, \ldots$

$$\{a_1, \ldots, a_1\} = \{a_1\}, \quad \{a_1, \ldots, a_2\} = \{a_1, a_2\},$$

$$\{a_1, \ldots, a_3\} = \{a_1, a_2, a_3\}, \ldots,$$

$$\bigcup_{i=1}^{1} A_i = A_1, \quad \bigcup_{i=1}^{2} A_i = A_1 \cup A_2,$$

$$\bigcup_{i=1}^{3} A_i = A_1 \cup A_2 \cup A_3, \ldots,$$

$$\bigcap_{i=1}^{1} A_i = A_1, \quad \bigcap_{i=1}^{2} A_i = A_1 \cap A_2,$$

$$\bigcap_{i=1}^{3} A_i = A_1 \cap A_2 \cap A_3, \ldots,$$

und die früher sukzessiv definierten

$$\{a\}, \quad \{a, b\}, \quad \{a, b, c\}, \ldots,$$

$$A \cup B, \quad A \cup B \cup C, \ldots,$$

$$A \cap B, \quad A \cap B \cap C, \ldots$$

sind Spezialfälle unserer n-stelligen Definitionen. Man braucht nur zugehörige Elementefamilien $(x_i)_{i \in I} = (x_i)_{1 \leq i \leq n}$ mit bzw.

$$n = 1, \quad x_1 = a,$$

$$n = 2, \quad x_1 = a, \quad x_2 = b,$$

$$n = 3, \quad x_1 = a, \quad x_2 = b, \quad x_3 = c,$$

und Mengenfamilien $(X_i)_{1 \leqq i \leqq n}$ mit bzw.

$$n = 2, \quad X_1 = A, \quad X_2 = B,$$
$$n = 3, \quad X_1 = A, \quad X_2 = B, \quad X_3 = C,$$
$$\dots\dots\dots\dots\dots\dots\dots$$

zu definieren und erhält sukzessiv:

$$\{a\} = \{x_i\}_{1 \leqq i \leqq 1}, \quad \{a, b\} = \{x_i\}_{1 \leqq i \leqq 2},$$
$$\{a, b, c\} = \{x_i\}_{1 \leqq i \leqq 3}, \dots,$$

$$A \cup B = \bigcup_{i=1}^{2} X_i, \quad A \cup B \cup C = \bigcup_{i=1}^{3} X_i, \dots,$$

$$A \cap B = \bigcap_{i=1}^{2} X_i, \quad A \cap B \cap C = \bigcap_{i=1}^{3} X_i, \dots.$$

Im weiteren Verlauf dieses Paragraphen verwenden wir die Intervallschreibweise (Definition 3, § 9) auch für natürlichzahlige Intervalle; d. h. für natürliche Zahlen a, b mit $a \leqq b$ sei im folgenden:

$$[a, b] = \{x \in \boldsymbol{N} \mid a \leqq x \leqq b\},$$
$$]a, b[= \{x \in \boldsymbol{N} \mid a < x < b\},$$
$$[a, b[= \{x \in \boldsymbol{N} \mid a \leqq x < b\},$$
$$]a, b] = \{x \in \boldsymbol{N} \mid a < x \leqq b\}.$$

Die früher sukzessiv ausgesprochenen und bewiesenen Gesetzmäßigkeiten erhält man jetzt simultan für beliebige Stellenzahlen. Ist $(a_i)_{1 \leqq i \leqq n}$ eine Elementefamilie über $[1, n]$, sind $(A_i)_{1 \leqq i \leqq n}$, $(A'_i)_{1 \leqq i \leqq n}$, $(B_j)_{1 \leqq j \leqq m}$ Mengenfamilien über $[1, n]$ bzw. $[1, m]$ (bei natürlichen Zahlen $n, m \geqq 1$), ist p eine Permutation von $[1, n]$ und $(x_j)_{0 \leqq j \leqq k}$ eine Familie natürlicher Zahlen über $[0, k]$ bei natürlicher Zahl $k \geqq 1$, $x_0 = 0$, $x_k = n$ und $x_{j-1} < x_j$ für alle $j \in [1, k]$, so gelten als Beispiele:

$$\{a_1, \dots, a_n\} = \{a_{p(1)}, \dots, a_{p(n)}\},$$
$$\forall\, i\, (i \in [1, n] \rightarrow a_i = a_1) \rightarrow \{a_1, \dots, a_n\} = \{a_1\},$$

$$\bigcup_{i=1}^{n} A_i = \bigcup_{j=1}^{k} \left(\bigcup_{i=x_{j-1}+1}^{x_j} A_i \right)$$

$$\bigcap_{i=1}^{n} A_i = \bigcap_{j=1}^{k} \left(\bigcap_{i=x_{j-1}+1}^{x_j} A_i \right)$$

(*Assoziativität*, Unabhängigkeit von der Zusammenfassung (Klammerung) der A_i),

$$\bigcup_{i=1}^{n} A_i = \bigcup_{i=1}^{n} A_{p(i)}$$

$$\bigcap_{i=1}^{n} A_i = \bigcap_{i=1}^{n} A_{p(i)}$$

(*Kommutativität*, Unabhängigkeit von der Reihenfolge der A_i),

$$\bigcup_{i=1}^{n} A_i \cap \bigcup_{j=1}^{m} B_j = \bigcup_{i=1}^{n} \left(\bigcup_{j=1}^{m} (A_i \cap B_j) \right)$$

$$\bigcap_{i=1}^{n} A_i \cup \bigcap_{j=1}^{m} B_j = \bigcap_{i=1}^{n} \left(\bigcap_{j=1}^{m} (A_i \cup B_j) \right)$$

(*Distributivität*),

$$\forall i \, (i \in [1, n] \rightarrow A_i \subseteq A'_i) \rightarrow \bigcup_{i=1}^{n} A_i \subseteq \bigcup_{i=1}^{n} A'_i \wedge \bigcap_{i=1}^{n} A_i \subseteq \bigcap_{i=1}^{n} A'_i,$$

$$\forall j \left(j \in [1, n] \rightarrow \bigcap_{=1}^{n} A_i \subseteq A_j \subseteq \bigcup_{i=1}^{n} A_i \right),$$

$$\forall X \left(\forall i \, (i \in [1, n] \rightarrow A_i \subseteq X) \rightarrow \bigcup_{i=1}^{n} A_i \subseteq X \right),$$

$$\forall X \left(\forall i \, (i \in [1, n] \rightarrow X \subseteq A_i) \rightarrow X \subseteq \bigcap_{i=1}^{n} A_i \right).$$

Man kann solche Gesetze direkt aus den Definitionen beweisen oder einfach den in Kapitel I für beliebige Mengenfamilien bewiesenen Gesetzen entnehmen.

Auf Grund der Tatsache, daß die früher sukzessiv definierten Einermengen, Zweiermengen, Dreiermengen ... und mehrstelligen Vereinigungen und Durchschnitte Spezialfälle der allgemeinen n-stelligen Definitionen sind, folgen ebenso aus den allgemeinen n-stellig formulierten und bewiesenen Gesetzen die früher sukzessiv behandelten Gesetze als Spezialfälle. Als Beispiel erhält man für Mengen A, B, C, D das distributive Gesetz

$$(A \cup B) \cap (C \cup D) = (A \cap C) \cup (A \cap D) \cup (B \cap C) \cup (B \cap D)$$

aus dem allgemeinen distributiven Gesetz

$$\bigcup_{i=1}^{n} X_i \cap \bigcup_{j=1}^{m} Y_j = \bigcup_{i=1}^{n} \left(\bigcup_{j=1}^{m} (X_i \cap Y_j) \right),$$

indem man die Mengenfamilien $(X_i)_{1 \leq i \leq n}$, $(Y_j)_{1 \leq j \leq m}$ speziell wählt:

$$n = m = 2,$$

$$X_1 = A, \quad X_2 = B, \quad Y_1 = C, \quad Y_2 = D.$$

Derselbe Sachverhalt liegt in analoger Form bei allen n-stelligen Verallgemeinerungen ursprünglich nur sukzessiv definierter mehrstelliger Begriffsbildungen vor; vgl. etwa im weiteren Verlauf dieses Paragraphen die Definitionen der n-Tupel, der n-stelligen kartesischen Produkte, Abbildungsprodukte, symmetrischen Differenzen und der endlichen Summen und Produkte von Zahlen.

Unter Rückgang auf die Begriffe der n-er-Menge, der n-stelligen Vereinigung und des n-stelligen Durchschnittes erklären sich Begriffe wie (bei im folgenden $m, n, k \in \boldsymbol{N}$)

$$\{a_m, \ldots, a_{m+k}\},$$

$$\bigcup_{i=m}^{m+k} A_i \quad \left(\text{auch wieder: } A_m \cup \ldots \cup A_{m+k}, \bigcup_{m \leq i \leq m+k} A_i\right),$$

$$\bigcap_{i=m}^{m+k} \quad \left(\text{auch wieder: } A_m \cap \ldots \cap A_{m+k}, \bigcap_{m \leq i \leq m+k} A_i\right),$$

von selbst, ebenso anschauliche Schreibweisen wie (bei $k \geqq 2$)

$$\{a, b, c_1, \ldots, c_{k-1}\}, \quad C_1 \cap \ldots \cap C_{k-1} \cap A \cap B;$$

es sind jeweils die $(k+1)$-er-Mengen und $(k+1)$-stelligen Vereinigungen und Durchschnitte entsprechend zugehöriger Elementefamilien $(x_i)_{1 \leqq i \leqq k+1}$ bzw. Mengenfamilien $(X_i)_{1 \leqq i \leqq k+1}$ gemeint. Als Beispiel ist definiert:

$$\bigcup_{i=m}^{m+k} A_i = \bigcup_{i=1}^{k+1} A_{m+i-1}$$

oder bei $m \leqq n$:

$$\bigcup_{i=m}^{n} A_i = \bigcup_{i=1}^{n-m+1} A_{m+i-1},$$

woraus sofort die Regeln der *Indexverschiebung* folgen:

$$m \leqq n \rightarrow \bigcup_{i=m}^{n} A_i = \bigcup_{i=m+k}^{n+k} A_{i-k},$$

$$k \leqq m \leqq n \rightarrow \bigcup_{i=m}^{n} A_i = \bigcup_{i=m-k}^{n-k} A_{i+k}$$

und die *Rekursionsgleichungen* bei $m \leqq n$:

$$\bigcup_{i=m}^{m} A_i = A_m, \quad \bigcup_{i=m}^{n+1} A_i = \bigcup_{i=m}^{n} A_i \cup A_{n+1}.$$

Dieselben Bemerkungen gelten in analoger Form für die weiteren Begriffsbildungen dieses Paragraphen und für alle Fälle ähnlicher rekursiv definierter Begriffe.

2. n-Tupel. In diesem Paragraphen (bis einschließlich Abschn. 8) sollen von nun an i, j, k, m, n stets natürliche Zahlen bedeuten, sollen, anders ausgedrückt, die Variablen i, j, k, m, n *Variable für natürliche Zahlen* sein. Diese Verabredung führt zu einer zweckmäßigen Vereinfachung von Formulierungen über natürliche Zahlen i, j, k, m, n, indem die Zusätze $i \in \boldsymbol{N}, \ldots, n \in \boldsymbol{N}$ entbehrlich werden. So bedeuten etwa

$$\forall\, i\,(\cdots), \quad \exists\, i\,(\cdots),$$

$$\exists!\, i\,(\cdots), \quad \exists!!\, i\,(\cdots), \quad \iota\, i\,(\cdots),$$

wo i Variable für natürliche Zahlen ist, abkürzend dasselbe wie:

$$\forall i\,(i \in \boldsymbol{N} \rightarrow \cdots), \quad \exists i\,(i \in \boldsymbol{N} \wedge \cdots),$$

$$\exists! i\,(i \in \boldsymbol{N} \wedge \cdots), \quad \exists!! i\,(i \in \boldsymbol{N} \wedge \cdots), \quad \iota i\,(i \in \boldsymbol{N} \wedge \cdots),$$

wo i Objektvariable ist.

Der Begriff des n-Tupels $(a_1, \ldots, a_n)$ läßt sich nur induktiv erklären, indem man das Erfülltsein der folgenden Rekursionsgleichungen fordert:

$$(a_1, \ldots, a_1) = a_1,$$

$$(a_1, \ldots, a_{n+1}) = ((a_1, \ldots, a_n), a_{n+1}).$$

Anschaulich ist damit bereits für alle Elementefamilien $(a_i)_{1 \leqq i \leqq n}$ der Begriff $(a_1, \ldots, a_n)$ eindeutig festgelegt; man braucht ja $(a_1, \ldots, a_n)$ gemäß den Rekursionsgleichungen nur sukzessiv für die Fälle $n = 1, 2, 3, \ldots$ zu definieren; d. h. zuerst für alle Familien der Länge $n = 1$, dann für alle Familien der Länge $n = 2$, für alle Familien der Länge $n = 3$ usw. Wir wenden uns jetzt dem exakten Existenzbeweis zu (Sätze 1,2). Sei also $(a_i)_{1 \leqq i \leqq n}$ eine Elementefamilie bei $n \geqq 1$. Zur Durchführung der angedeuteten Rekursion brauchen wir zunächst, um den Rechtfertigungssatz für Definitionen durch vollständige Induktion (Satz 12, § 7) anwenden zu können, eine Menge A, in der alle Elemente a_i (für $1 \leqq i \leqq n$) enthalten sind und die gegenüber Paarbildung abgeschlossen ist. Hierfür leisten uns wieder die Allmengen, speziell die Allbereiche, gute Dienste. Die Familie $(a_i)_{1 \leqq i \leqq n}$ ist Element mindestens eines Allbereiches A (Satz 8b), Bd. I, § 5). Jeder Allbereich A ist gegenüber Paarbildung abgeschlossen; denn A ist gegenüber Einermengenbildung und Vereinigung abgeschlossen (vgl. den Beweis zu Satz 1, § 7). Damit existiert zu $(a_i)_{1 \leqq i \leqq n}$ ein Allbereich A mit

$$\{a_1, \ldots, a_n\} \subseteq A, \quad A \times A \subseteq A.$$

Satz 1. *Für jedes* $n \geqq 1$ *und jede Elementefamilie* $(a_i)_{1 \leqq i \leqq n}$ *existiert genau eine Funktion* F *über* $[1, n]$ *mit für jedes* i:

$$F(1) = a_1,$$
$$1 \leqq i < n \rightarrow F(i+1) = (F(i), a_{i+1}).$$

Beweis. Eindeutigkeit. Trivial erhält man durch vollständige Induktion über i, daß es zu vorgegebener Elementefamilie $(a_i)_{1 \leqq i \leqq n}$ $(n \geqq 1)$ höchstens eine derartige Funktion F gibt.

Existenz. Sei A eine Menge mit

$$\{a_1, \ldots, a_n\}, \quad A \times A \subseteq A$$

und T die Funktion von $\boldsymbol{N} \times A$ in A mit

$$T(i, x) = \begin{cases} a_1 & \text{für } i = 0 \\ (x, a_{i+1}) & \text{für } 1 \leqq i < n \\ a_1 & \text{für } n \leqq i. \end{cases}$$

(Die dritte Definitionszeile dient nur der vollständigen Bestimmung von T über ganz $\boldsymbol{N} \times A$ und hat sonst keine Bedeutung weiter.) Nach Satz 12, § 7 existiert die Funktion F von $\boldsymbol{N}$ in A mit für jedes i:

$$F(0) = a_1, \quad F(i+1) = T(i, F(i)),$$

woraus speziell folgt:

$$F(1) = T(0, F(0)) = a_1,$$
$$1 \leqq i < n \rightarrow F(i+1) = T(i, F(i)) = (F(i), a_{i+1}).$$

Damit ist die Einschränkung $F \mid [1, n]$ eine gewünschte Funktion.

Definition 1. Ist $n \geqq 1$, $(a_i)_{1 \leqq i \leqq n}$ eine Elementefamilie und F die Funktion über $[1, n]$ mit für jedes i:

$$F(1) = a_1,$$
$$1 \leqq i < n \rightarrow F(i+1) = (F(i), a_{i+1}),$$

so heißt der Wert $F(n)$ das *n-Tupel von a_1 bis a_n*, bezeichnet mit: $(a_1, \ldots, a_n)$ (gelesen: *n-Tupel a_1 bis a_n*). Ein Objekt T ist ein *n-Tupel*, falls $n \geqq 1$ ist und es eine Elementefamilie $(a_i)_{1 \leqq i \leqq n}$ gibt mit $T = (a_1, \ldots, a_n)$.

Satz 2. *Für jedes $n \geqq 1$ und jede Elementefamilie $(a_i)_{1 \leqq i \leqq n}$ gilt:*

$$n = 1 \to (a_1, \ldots, a_n) = a_1,$$

$$n \geqq 2 \to (a_1, \ldots, a_n) = ((a_1, \ldots, a_{n-1}), a_n)$$

(Rekursionsgleichungen des n-Tupels).

Beweis. Sei F die Funktion über $[1, n]$ mit für jedes i:

$$F(1) = a_1,$$

$$1 \leqq i < n \to F(i+1) = (F(i), a_{i+1}).$$

Im Falle $n = 1$ ist nach Definition 1:

$$(a_1, \ldots, a_n) = F(n) = F(1) = a_1.$$

Ist $n \geqq 2$ und F' die Funktion über $[1, n-1]$ mit für jedes i:

$$F'(1) = a_1,$$

$$1 \leqq i < n - 1 \to F'(i+1) = (F'(i), a_{i+1}),$$

so ist sofort (mit den Eigenschaften von F und auf Grund der eindeutigen Bestimmtheit von F')

$$F' = F \mid [1, n-1],$$

also nach Definition 1:

$$(a_1, \ldots, a_n) = F(n) = (F(n-1), a_n)$$
$$= (F'(n-1), a_n) = ((a_1, \ldots, a_{n-1}), a_n).$$

Auf Grund von Satz 2 sind die früher sukzessiv definierten Tupel (a, b), (a, b, c), ... Spezialfälle von Definition 1 für $n = 2, 3, \ldots,$ und man kann Behauptungen über n-Tupel durch vollständige Induktion über $n \geqq 1$ beweisen. Man beachte, daß bei festem k für die Gültigkeit einer (mengentheoretisch formulierbaren) Behauptung $\mathbf{B}(n)$ für alle $n \geqq k$ einfach zu zeigen ist:

$$\mathbf{B}(k) \wedge \forall n\,(n \geqq k \wedge \mathbf{B}(n) \rightarrow \mathbf{B}(n+1));$$

denn die Menge $\boldsymbol{N} \setminus \boldsymbol{N}(k)$ aller $n \geqq k$ ist der Durchschnitt der Mengen $M \subseteq \boldsymbol{N}$ mit

$$k \in M \wedge \forall n\,(n \in M \rightarrow n + 1 \in M).$$

Als Beispiel beweist man sofort induktiv über n, daß jeder Allbereich gegenüber n-Tupelbildung seiner Elemente abgeschlossen ist. Ebenso zeigen wir den

Satz 3. *Für jedes $n \geqq 1$ und Elementefamilien $(a_i)_{1 \leqq i \leqq n}$, $(b_i)_{1 \leqq i \leqq n}$ gilt:*

$$(a_1, \ldots, a_n) = (b_1, \ldots, b_n) \leftrightarrow \forall i\,(1 \leqq i \leqq n \rightarrow a_i = b_i).$$

Beweis. ($\leftarrow$) ist trivial. ($\rightarrow$) Vollständige Induktion über n. Im Falle $n = 1$ gilt:

$$a_1 = (a_1, \ldots, a_n) = (b_1, \ldots, b_n) = b_1 \rightarrow a_1 = b_1.$$

Gilt die Behauptung für ein $n \geqq 1$ und alle Familien a, b über $[1, n]$, so auch für $n + 1$ und alle Familien a, b über $[1, n + 1]$; denn es gilt dann:

$$\begin{aligned}
((a_1, \ldots, a_n), a_{n+1}) &= (a_1, \ldots, a_{n+1}) \\
&= (b_1, \ldots, b_{n+1}) = ((b_1, \ldots, b_n), b_{n+1}) \\
\rightarrow (a_1, \ldots, a_n) &= (b_1, \ldots, b_n) \wedge a_{n+1} = b_{n+1} \\
\rightarrow \forall i\,(1 \leqq i \leqq n &\rightarrow a_i = b_i) \wedge a_{n+1} = b_{n+1} \\
\rightarrow \forall i\,(1 \leqq i \leqq n &+ 1 \rightarrow a_i = b_i).
\end{aligned}$$

Aus Satz 3 folgt, daß das n-Tupel $(a_1, \ldots, a_n)$ anschaulich eine Zusammenfassung der Elemente a_i $(1 \leqq i \leqq n)$ unter Berücksichtigung der Reihenfolge ist. Außerdem gibt es bei festem $n \geqq 1$ zu jedem n-Tupel T genau eine Familie $(a_i)_{1 \leqq i \leqq n}$ mit $T = (a_1, \ldots, a_n)$, und man nennt a_i (bei $1 \leqq i \leqq n$) das *i-te Element* von T.

3. Kartesische Produkte. Mit den n-Tupeln gewinnt man sofort die n-stelligen kartesischen Produkte. Durch Induktion über $n \geqq 1$ zeigt man für jede Mengenfamilie $(A_i)_{1 \leqq i \leqq n}$ unter Verwendung des kartesischen Produktes für zwei Mengen die Existenz der Menge aller n-Tupel $(a_1, \ldots, a_n)$ mit $a_i \in A_i$ für alle i mit $1 \leqq i \leqq n$.

Definition 2. Ist $n \geqq 1$ und $(A_i)_{1 \leqq i \leqq n}$ eine Mengenfamilie, so heißt die Menge

$$\left\{(a_1, \ldots, a_n) \,\middle|\, a \in \bigtimes_{i \in [1,n]} A_i\right\}$$

das n-stellige (n-fache) *Produkt* (oder *Mengenprodukt, Kreuzprodukt, kartesisches Produkt, Produktmenge*) von A_1 bis A_n, bezeichnet mit: $\bigtimes_{i=1}^{n} A_i$ (gelesen: *Produkt* A_i, $i = 1$ *bis* n) oder $A_1 \times \ldots \times A_n$.

Wir wollen die eben definierten *Tupelprodukte* $\bigtimes$ durch die Schreibweise $\bigtimes_{i=1}^{n}$ oder $\times \ldots \times$ unterscheiden von den bisherigen *Familienprodukten* $\bigtimes$ mit einem beliebigen Indexbereich I, die wir im Falle $I = [1, n]$ wie üblich $\bigtimes_{i \in [1,n]}$ oder $\bigtimes_{1 \leqq i \leqq n}$ schreiben. Ebenso beachte man, daß die Schreibweise $(a_1, \ldots, a_n)$ — außerhalb der Allgemeinen Mengenlehre eventuell auch $\langle a_1, \ldots, a_n \rangle$, $[a_1, \ldots, a_n]$ (vgl. die Bemerkung am Ende von § 2, Abschn. 2) — stets ein n-Tupel bedeutet, während $(a_i)_{i \in [1,n]}$ oder $(a_i)_{1 \leqq i \leqq n}$ eine Familie bezeichnet. Redeweisen wie „$a_1, \ldots, a_n$ seien vorgegebene reelle Zahlen.“, „Für alle Mengen $A_1, \ldots, A_n \in M$ gilt ... .“, „Es gibt Mengen $A_1, \ldots, A_n \subseteq E$ mit ... .“ bedeuten ausführlich: „$(a_i)_{1 \leqq i \leqq n}$ sei eine Familie reeller Zahlen.“, „Für alle Mengenfamilien $(A_i)_{1 \leqq i \leqq n}$ mit $A_i \in M$ für alle $i \in [1, n]$ gilt ... .“, „Es gibt eine Mengenfamilie $(A_i)_{1 \leqq i \leqq n}$ mit $A_i \subseteq E$ für alle $i \in [1, n]$ mit ... .“ Für „Familie $(a_i)_{1 \leqq i \leqq n}$“, „Mengenfamilie $(A_i)_{1 \leqq i \leqq n}$“ kann man auch „$n$-Tupel $(a_1, \ldots, a_n)$“, „Mengen-n-Tupel $(A_1, \ldots, A_n)$“ verwenden.

Satz 4. *Für jedes* $n \geqq 1$ *und jede Mengenfamilie* $(A_i)_{1 \leq i \leq n}$ *gilt:*

$$n = 1 \rightarrow \bigtimes_{i=1}^{n} A_i = A_1,$$

$$n \geqq 2 \rightarrow \bigtimes_{i=1}^{n} A_i = \bigtimes_{i=1}^{n-1} A_i \times A_n$$

(*Rekursionsgleichungen des kartesischen Produktes*).

Beweis. Die Behauptungen folgen direkt aus Satz 2 wegen nach Definition 2:

$$\bigtimes_{i=1}^{n} A_i = \left\{(a_1, \ldots, a_n) \,\middle|\, a \in \bigtimes_{i \in [1,n]} A_i\right\}.$$

Auf Grund von Satz 4 sind die früher sukzessiv definierten kartesischen Produkte $A \times B$, $A \times B \times C, \ldots$ Spezialfälle von Definition 2 für $n = 2, 3, \ldots$, und man kann Behauptungen über n-fache Produkte durch vollständige Induktion über $n \geqq 1$ beweisen. Als Beispiel ist jeder Allbereich gegenüber n-facher Produktbildung seiner Mengen abgeschlossen. Für das Produkt $\bigtimes_{i=1}^{n} A$, d. h. $\bigtimes_{i=1}^{n} X_i$ mit $X_i = A$ für alle $i \in [1, n]$ (bei $n \geqq 1$), schreibt man abkürzend:

$$A^n \text{ (gelesen: } A \textit{ hoch } n).$$

Diese *Tupelpotenz*

$$A^n = \{(a_1, \ldots, a_n) \mid a \in A^{[1,n]}\}$$

ist die Menge der *n-Tupel in A*. Es bestehen sofort die *Rekursionsgleichungen*:

$$A^1 = A, \quad A^{n+1} = A^n \times A.$$

Man verwechsle die Tupelpotenz nicht mit der Mengenpotenz A^B.

Die Produkte $\bigtimes_{i=1}^{n} A_i$, $\bigtimes_{i\in[1,n]} A_i$ stimmen offenbar nicht miteinander überein, aber es gibt eine auf der Hand liegende eineindeutige Beziehung zwischen ihren Elementen, eine kanonische Abbildung zwischen den beiden Produkten. Für jedes $n \geqq 1$ und jede Mengenfamilie $(A_i)_{1\leq i\leq n}$ ist nämlich sofort

$$\bigtimes_{i\in[1,n]} A_i \underset{F}{\sim} \bigtimes_{i=1}^{n} A_i$$

für die *kanonische Funktion* (*kanonische Abbildung*) F über $\bigtimes_{i\in[1,n]} A_i$ mit für jedes $a \in \bigtimes_{i\in[1,n]} A_i$:

$$F(a) = (a_1, \ldots, a_n);$$

speziell gilt für eine Menge A, die Mengenpotenz $A^{[1,n]}$ und die Tupelpotenz A^n:

$$A^{\boldsymbol{N}(n)} \sim A^{[1,n]} \sim A^n.$$

Damit übertragen sich in § 9 für Familienprodukte $\bigtimes$ mit endlichem Indexbereich I bewiesene Mächtigkeitsaussagen auf Tupelprodukte $\bigtimes$; ebenso bei Potenzen. Als Beispiel gilt bei $n \geqq 1$ für den *n-dimensionalen* (*reellen*) *Zahlenraum*, das *n-dimensionale Kontinuum* $\boldsymbol{R}^n$ über Satz 14c), § 9:

$$\boldsymbol{R}^n \sim \boldsymbol{R}^{\boldsymbol{N}(n)} \sim \boldsymbol{R}.$$

Allgemein übertragen sich mit Hilfe der kanonischen Abbildung viele Aussagen über Familienprodukte mit einem Indexbereich $I = [1, n]$ auf entsprechende Aussagen über n-Tupelprodukte und umgekehrt. Beide Produktarten sind in diesem Sinne zueinander isomorph. Als Beispiele hat man

$$\bigtimes_{i\in[1,n]} A_i = \emptyset \leftrightarrow \bigtimes_{i=1}^{n} A_i = \emptyset,$$

$$\bigtimes_{i\in[1,n]} A_i \subseteq \bigtimes_{i\in[1,n]} B_i \leftrightarrow \bigtimes_{i=1}^{n} A_i \subseteq \bigtimes_{i=1}^{n} B_i$$

und ebenso für $=$, $\subset$ an Stelle von $\subseteq$,

$$\bigtimes_{i\in[1,n]} A_i \sim \bigtimes_{i\in[1,m]} B_i \Leftrightarrow \bigtimes_{i=1}^{n} A_i \sim \bigtimes_{i=1}^{m} B_i \qquad (*)$$

und ebenso für $\leqq$, $<$ an Stelle von $\sim$. Für Permutationen p von $[1, n]$ $(n \geqq 1)$ und Familien $(x_j)_{0\leqq j\leqq k}$ natürlicher Zahlen bei $k \geqq 1$, $x_0 = 0$, $x_k = n$ und $x_{j-1} < x_j$ für alle $j \in [1, k]$ ist als letzte Beispiele

$$\bigtimes_{i=1}^{n} A_i \sim \bigtimes_{i=1}^{n} A_{p(i)} \qquad (\textit{Kommutativität}),$$

$$\bigtimes_{i=1}^{n} A_i \sim \bigtimes_{j=1}^{k} \left(\bigtimes_{i=x_{j-1}+1}^{x_j} A_i \right) \qquad (\textit{Assoziativität});$$

denn nach (*) bestehen diese beiden Gesetze (unter Verwendung von Satz 15f), § 7 für das zweite) für n-Tupelprodukte genau dann, wenn sie für Familienprodukte über $[1, n]$ gelten, und nach den Sätzen 10 und 11 aus § 5 gelten sie für Familienprodukte.

Die Isomorphie beider Produktarten ermöglicht es etwa, topologische Gesetze des $\boldsymbol{R}^n$ unmittelbar der Theorie beliebiger topologischer Produkträume (deren Grundmengen Familienprodukte mit beliebiger Indexmenge sind) entnehmen zu können.

Für mathematische Untersuchungen, bei denen geordnete Zusammenfassungen jeweils endlich vieler Elemente benötigt werden, ist es gleichgültig, ob man Elementefamilien $(a_i)_{1\leqq i\leqq n}$ und Familienprodukte $\bigtimes_{i\in[1,n]} A_i$ oder ob man Tupel $(a_1, \ldots, a_n)$ und Tupelprodukte $\bigtimes_{i=1}^{n} A_i$ verwendet. Gegebenenfalls sind Tupel und Tupelprodukte vorzuziehen, da sie die näherliegenden (nämlich die induktiven) Verallgemeinerungen des Paares (a, b) und des kartesischen Produktes $A \times B$ sind. So verwendet man in der Analysis und Analytischen Geometrie sukzessiv $\boldsymbol{R}, \boldsymbol{R}^2, \boldsymbol{R}^3, \ldots,$ allgemein $\boldsymbol{R}^n$, und so definiert man im folgenden mit der Tupelpotenz die n-stelligen

Abbildungen, Funktionen, Relationen, Operationen, Elemente- und Mengenfamilien.

Definition 3. F sei eine Abbildung, A eine Menge, $n \geqq 1$: F ist eine *n-stellige Abbildung aus A* oder eine *Abbildung von n Variablen aus A*, falls $\mathrm{D}(F) \subseteq A^n$ gilt; F ist eine *n-stellige Abbildung* oder eine *Abbildung von n Variablen*, falls es eine Menge X gibt, so daß F eine n-stellige Abbildung aus X ist.
Die n-stelligen Abbildungen sind also die Abbildungen, deren Definitionsbereiche aus n-Tupeln bestehen. Die früher sukzessiv definierten 1-stelligen, 2-stelligen, ... Abbildungen (Definitionen 12, § 2) sind Spezialfälle unserer Definition 3 für $n = 1, 2, \ldots$. Ist F in Definition 3 eine Funktion, so spricht man von: *n-stellige Funktion aus A*, *Funktion von n Variablen aus A*, *n-stellige Funktion*, *Funktion von n Variablen*. Ist F eine n-stellige Funktion und $(x_1, \ldots, x_n) \in \mathrm{D}(F)$, so schreibt man

$$\text{für } F((x_1, \ldots, x_n)) \text{ einfach: } F(x_1, \ldots, x_n).$$

Definition 4. R, A seien Mengen, $n \geqq 1$: R ist eine *n-stellige* (auch: *n-äre*) *Relation* (*Beziehung*) *in A*, falls $R \subseteq A^n$ gilt; R ist eine *n-stellige* (auch: *n-äre*) *Relation* (*Beziehung*), falls es eine Menge X gibt, so daß R eine n-stellige Relation in X ist.
Die n-stelligen Relationen sind also die Mengen von n-Tupeln. Für $n \geqq 2$ sind die n-stelligen Relationen die $(n-1)$-stelligen Abbildungen. Die früher sukzessiv definierten 1-stelligen, 2-stelligen, ... Relationen (Definitionen 15, 16, § 2) sind Spezialfälle unserer Definition 4 für $n = 1, 2, \ldots$. Ist R eine n-stellige Relation, so schreibt man

$$\text{für } (x_1, \ldots, x_n) \in R \text{ einfach: } R[x_1, \ldots, x_n].$$

Definition 5. O, A seien Mengen, $n \geqq 1$: O ist eine *n-stellige* (auch: *n-äre*) *Operation* (*Verknüpfung*) *in A*, falls O eine Funktion von A^n in A ist; O ist eine *n-stellige* (auch: *n-äre*) *Operation* (*Verknüpfung*), falls es eine Menge X gibt, so daß O eine n-stellige Operation in X ist.

Die n-stelligen Operationen O in A sind die eindeutigen $(n+1)$-stelligen Relationen R in A mit $\mathrm{Vb}\, R = A^n$. Die früher sukzessiv definierten 1-stelligen, 2-stelligen, ... Operationen (Definitionen 10, 11, § 3) sind Spezialfälle unserer Definition 5 für $n = 1, 2, \ldots$.

Definition 6. Es sei $n \geqq 1$: Eine *n-stellige* (auch: *n-fache*) *Elementefamilie* (*Familie*) bzw. *Mengenfamilie* ist eine Elemente- bzw. Mengenfamilie, deren Definitionsbereich aus n-Tupeln besteht.
Die früher sukzessiv definierten 1-stelligen, 2-stelligen, ... Elemente- bzw. Mengenfamilien (Definitionen 7, § 5) sind Spezialfälle unserer Definition 6 für $n = 1, 2, \ldots$. Ist F eine n-stellige Familie über $I = \mathrm{D}(F)$ und $(x_1, \ldots, x_n) \in I$, so schreibt man (Indexschreibweise)

$$\text{für } F(x_1, \ldots, x_n) \text{ auch: } F_{x_1 \ldots x_n}$$

und nennt die $(x_1, \ldots, x_n) \in I$ *n-fache Indizes*; ist $\mathbf{T}_{x_1 \ldots x_n}$ ein für jedes $(x_1, \ldots, x_n) \in I$ den Wert $F(x_1, \ldots, x_n)$ bezeichnender mengentheoretischer Term — also $\mathbf{T}_{x_1 \cdots x_n} = F(x_1, \ldots, x_n)$ für alle $(x_1, \ldots, x_n) \in I$ —, so sei (Termschreibweise):

$$(\mathbf{T}_{x_1 \ldots x_n})_{(x_1 \ldots x_n) \in I} = F\,.$$

Ebenso mögen alle in § 5, Abschn. 4 für 1-stellige, 2-stellige, ... Familien getroffenen Verabredungen sinngemäß auf n-stellige Familien bezogen werden. Eine n-fache Familie a über $\mathrm{D}(a) = \boldsymbol{N}^n$ heißt auch eine (*unendliche*) *n-fache Folge*; im Falle $\mathrm{D}(a) = \boldsymbol{N}(x_1) \times \cdots \times \boldsymbol{N}(x_n)$ für eine natürlichzahlige Familie $(x_i)_{1 \leqq i \leqq n}$ spricht man von einer *endlichen n-fachen Folge*; für $n = 2$ auch (*unendliche*) *Doppelfolge* bzw. *endliche Doppelfolge*.

4. Abbildungsprodukte. Es soll $\circ$ rekursiv verallgemeinert werden zu einem n-stelligen Abbildungsprodukt $\bigcirc$, so daß sich die früher sukzessiv definierten mehrstelligen Produkte (§ 2, Abschn. 6) aus unserer Definition als Spezialfälle für $n = 2, 3, \ldots$ ergeben. Man wünscht also für Abbildungsfamilien $(f_i)_{1 \leqq i \leqq n}$ das Erfülltsein der folgenden Rekursionsgleichungen:

$$\bigcirc_{i=1}^{1} f_i = f_1, \quad \bigcirc_{i=1}^{n+1} f_i = f_{n+1} \circ \bigcirc_{i=1}^{n} f_i.$$

Anschaulich ist damit bereits wieder $\bigcirc_{i=1}^{n} f_i$ für alle Abbildungsfamilien $(f_i)_{1 \leqq i \leqq n}$ eindeutig festgelegt, indem man die Rekursionsgleichungen sukzessiv für $n = 1, 2, 3, \ldots$ anwendet. Nun zum exakten Existenzbeweis. Sei also $n \geqq 1$ und $(f_i)_{1 \leqq i \leqq n}$ eine Familie von Abbildungen f_i für $1 \leqq i \leqq n$. Ist A ein Allbereich mit $f \in A$, so sind auch alle $f_i \in A$. Jeder Allbereich A ist abgeschlossen gegenüber $\circ$; denn für Abbildungen $f, g \in A$ ist

$$g \circ f \subseteq \mathrm{D}(f) \times \mathrm{W}(g) \in A,$$

da $\mathrm{D}(f), \mathrm{W}(g) \in A$ gilt und A gegenüber $\times$ abgeschlossen ist.

Satz 5. *Für jedes $n \geqq 1$ und jede Abbildungsfamilie $(f_i)_{1 \leqq i \leqq n}$ existiert genau eine Funktion F über $[1, n]$, deren Werte Abbildungen sind, mit für jedes i:*

$$F(1) = f_1,$$
$$1 \leqq i < n \rightarrow F(i+1) = f_{i+1} \circ F(i).$$

Beweis. Eindeutigkeit. Trivial erhält man durch vollständige Induktion über i, daß es zu vorgegebener Abbildungsfamilie $(f_i)_{1 \leqq i \leqq n}$ $(n \geqq 1)$ höchstens eine derartige Funktion F gibt.

Existenz. Sei A eine Menge mit für alle Abbildungen g, h:

$$\{f_1, \ldots, f_n\} \subseteq A, \quad g, h \in A \rightarrow g \circ h \in A,$$

sei B die Menge aller Abbildungen $g \in A$ und T die Funktion von $\boldsymbol{N} \times B$ in B mit

$$T(i, x) = \begin{cases} f_1 & \text{für } i = 0 \\ f_{i+1} \circ x & \text{für } 1 \leqq i < n \\ f_1 & \text{für } n \leqq i. \end{cases}$$

Nach Satz 12, § 7 existiert die Funktion F von $\boldsymbol{N}$ in B mit für jedes i:

$$F(0) = f_1, \qquad F(i+1) = T(i, F(i)),$$

woraus speziell folgt:

$$F(1) = T(0, F(0)) = f_1,$$
$$1 \leqq i < n \rightarrow F(i+1) = T(i, F(i)) = f_{i+1} \circ F(i).$$

Damit ist die Einschränkung $F \mid [1, n]$ eine gewünschte Funktion.

Definition 7. Ist $n \geqq 1$, $(f_i)_{1 \leqq i \leqq n}$ eine Abbildungsfamilie und F die Funktion über $[1, n]$, deren Werte Abbildungen sind, mit für jedes i:

$$F(1) = f_1,$$
$$1 \leqq i < n \rightarrow F(i+1) = f_{i+1} \circ F(i),$$

so heißt der Wert $F(n)$ das n-stellige (n-fache) *Produkt* (oder *Abbildungsprodukt*, *Verkettung*, *Hintereinanderausführung*, *Zusammensetzung*, *Komposition*, *Produktabbildung*) von f_1 bis f_n, bezeichnet mit: $\bigcirc_{i=1}^{n} f_i$ (gelesen: *Verkettung* f_i, $i = 1$ *bis* n) oder $f_n \circ \ldots \circ f_1$.

Wie Satz 2 erhält man für jedes $n \geqq 1$ und jede Abbildungsfamilie $(f_i)_{1 \leqq i \leqq n}$:

$$n = 1 \rightarrow \bigcirc_{i=1}^{n} f_i = f_1,$$

$$n \geqq 2 \rightarrow \bigcirc_{i=1}^{n} f_i = f_n \circ \bigcirc_{i=1}^{n-1} f_i$$

(*Rekursionsgleichungen des Abbildungsproduktes*).

Diese Rekursionsgleichungen gestatten dann induktive Beweise. Als Beispiel folgt aus der Assoziativität (Satz 7, § 2)

$$(h \circ g) \circ f = h \circ (g \circ f)$$

nach den Ausführungen des folgenden Abschn. 5 induktiv die *Assoziativität* von $\bigcirc$: Für $n \geqq 1$, Abbildungsfamilien $(f_i)_{1 \leqq i \leqq n}$ und Familien $(x_j)_{0 \leqq j \leqq k}$ natürlicher Zahlen mit $k \geqq 1$, $x_0 = 0$, $x_k = n$ und $x_{j-1} < x_j$ für alle $j \in [1, k]$ ist

$$\mathop{\bigcirc}_{i=1}^{n} f_i = \mathop{\bigcirc}_{j=1}^{k} \left(\mathop{\bigcirc}_{i=x_{j-1}+1}^{x_j} f_i \right).$$

Nach dem Muster der Einführung von $\bigcirc$ kann man auch die n-stellige (n-fache) *symmetrische Differenz* $\triangle$ einführen mit den Rekursionsgleichungen

$$\mathop{\triangle}_{i=1}^{1} A_i = A_1, \qquad \mathop{\triangle}_{i=1}^{n+1} A_i = \mathop{\triangle}_{i=1}^{n} A_i \vartriangle A_{n+1}.$$

Aus der Assoziativität und Kommutativität von $\vartriangle$ (Satz 3, § 1) folgen nach Abschn. 5 induktiv die *Assoziativität* und *Kommutativität* von $\triangle$.

5. Endliche Summen und Produkte. In den einzelnen Zahlbereichen liegen jeweils die beiden (binären) Operationen $+$, $\cdot$ vor, die man zu den allgemeinen endlichen Summen $\sum$ und endlichen Produkten $\prod$ erweitert. Man wünscht also für vorgegebene Zahlenfamilien $(a_i)_{1 \leqq i \leqq n}$ die Begriffe

$$\sum_{i=1}^{n} a_i \quad \text{(gelesen: \textit{Summe } } a_i, \ i = 1 \textit{ bis } n\text{)},$$

$$\prod_{i=1}^{n} a_i \quad \text{(gelesen: \textit{Produkt } } a_i, \ i = 1 \textit{ bis } n\text{)}$$

zur Verfügung zu haben mit Gültigkeit der Rekursionsgleichungen:

$$\sum_{i=1}^{1} a_i = a_1, \quad \sum_{i=1}^{n+1} a_i = \sum_{i=1}^{n} a_i + a_{n+1},$$

$$\prod_{i=1}^{1} a_i = a_1, \quad \prod_{i=1}^{n+1} a_i = \prod_{i=1}^{n} a_i \cdot a_{n+1}.$$

Anschaulich existieren diese endlichen Summen und Produkte sofort; es sind die durch Addition bzw. Multiplikation der endlich vielen a_i entstehenden Zahlenwerte:

$$\sum_{i=1}^{n} a_i = a_1 + \ldots + a_n, \quad \prod_{i=1}^{n} a_i = a_1 \cdot \ldots \cdot a_n .$$

Mit Satz 12, § 7 erhält man wieder einen Existenzbeweis. Wir zeigen gleich allgemein, wobei $\square$, $\Box$ (gelesen: (*kleines* bzw. *großes*) *Quadrat*) zusätzlich *Variable für Objekte* seien, den

Satz 6. *Für jede Menge* A *und jede Operation* $\square$ *in* A *gibt es genau eine Funktion* $\Box$ *von* $N = \bigcup_{1 \leqq n < \infty} A^{[1,n]}$ *in* A *mit für alle* $a \in N$ *bei* $a = (a_i)_{1 \leqq i \leqq n}$ *und* $\Box_{i=1}^{n} a_i = \Box(a)$:

$$n = 1 \rightarrow \Box_{i=1}^{n} a_i = a_1 ,$$

$$n \geqq 2 \rightarrow \Box_{i=1}^{n} a_i = \Box_{i=1}^{n-1} a_i \square a_n$$

(*Rekursionsgleichungen für* $\Box$).

Beweis. Die Menge N existiert, denn ihre Elemente sind Teilmengen von $\boldsymbol{N} \times A$.

Eindeutigkeit. Man beweist durch vollständige Induktion über die Länge $n \geqq 1$ der auftretenden Elementefamilie a, daß es höchstens eine derartige Funktion $\Box$ gibt.

Existenz. Für jede Familie $(a_i)_{1 \leqq i \leqq n} \in N$ gibt es nach Satz 12, § 7 die Funktion F von $[1, n]$ in A mit für jedes i:

$$F(1) = a_1 ,$$

$$1 \leqq i < n \rightarrow F(i+1) = F(i) \square a_{i+1} .$$

Sei für jedes $a \in N$ diese Funktion F mit $\langle a \rangle$ bezeichnet. Dann definiere man über N die Funktion $\Box$ zu

$$\Box(a) = \langle a \rangle (n) ,$$

sofern a die Länge n hat. Es bestehen sofort die gewünschten Rekursionsgleichungen für $\square$.

Nach den in § 1, Abschn. 3 vereinbarten Trennungsregeln für Verbindungen der Typen $\scriptstyle\square$, $\square$ trennt $\circ$ stärker als $\bigcirc$ und $\vartriangle$ stärker als $\triangle$ (vgl. Abschn. 4). Ebenso mag (wie bereits bei der Formulierung von Satz 6 gehandhabt) die Variable $\scriptstyle\square$ stärker trennen als die Variable $\square$, wenn diese Variablen wie in Satz 6 Operationen bzw. Funktionen bezeichnen. Wir werden im weiteren Verlauf unserer Betrachtungen nicht mehr an derart nach dem Muster der Ausführungen von § 1, Abschn. 3 auf der Hand liegende Trennungsregeln erinnern.

Ist A ein fest gewählter unter den Zahlbereichen $\boldsymbol{N}$, $\boldsymbol{Z}$, $\boldsymbol{Q}$, $\boldsymbol{R}$, $\boldsymbol{C}$, ist $\scriptstyle\square$ die Addition $+$ in A und $\square$ die nach Satz 6 existierende Funktion, so definiert man für jede Zahlenfamilie $(a_i)_{1 \leqq i \leqq n}$ aus A die *Summe* von a_1 bis a_n:

$$\sum_{i=1}^{n} a_i = \sum_{1 \leqq i \leqq n} a_i = a_1 + \ldots + a_n = \mathop{\square}_{i=1}^{n} a_i\,;$$

wählt man $\scriptstyle\square$ als Multiplikation $\cdot$ in A mit nach Satz 6 zugehöriger Funktion $\square$, so erhält man das *Produkt* von a_1 bis a_n:

$$\prod_{i=1}^{n} a_i = \prod_{1 \leqq i \leqq n} a_i = a_1 \cdot \ldots \cdot a_n = \mathop{\square}_{i=1}^{n} a_i\,.$$

(Die Zeichen $\sum$ und $\prod$, die griechischen „S“ und „P“, werden stets *Summe* und *Produkt* gelesen.) Es bestehen dann die gewünschten *Rekursionsgleichungen* für $\sum$, $\prod$:

$$\sum_{i=1}^{1} a_i = a_1\,, \quad \sum_{i=1}^{n+1} a_i = \sum_{i=1}^{n} a_i + a_{n+1}\,,$$

$$\prod_{i=1}^{1} a_i = a_1\,, \quad \prod_{i=1}^{n+1} a_i = \prod_{i=1}^{n} a_i \cdot a_{n+1}\,,$$

und man kann für endliche Summen und Produkte induktive Beweise führen. Als Beispiele sind mit $+$, $\cdot$ auch $\sum$, $\prod$ assoziativ und kommutativ. Wir zeigen gleich allgemein den Satz 7.

Ist $\square$ eine Operation in einer beliebigen Menge A, so sei sukzessiv für $a, b, c, d, \ldots \in A$:

$$a \square b \square c = (a \square b) \square c,$$

$$a \square b \square c \square d = (a \square b \square c) \square d,$$

$$\vdots$$

Besonders zweckmäßig ist eine solche klammerfreie Schreibweise im Falle der Assoziativität von $\square$ (nicht assoziativ ist z. B. die Differenz $\setminus$), da man dann in den klammerfreien Termen ohne Bedeutungsänderung sogar beliebig klammern kann; speziell ist dann auch

$$a \square b \square c = a \square (b \square c),$$

$$a \square b \square c \square d = a \square (b \square c \square d),$$

$$\vdots$$

Für $m \leqq n$ und eine Familie $(a_i)_{m \leqq i \leqq n}$ von Elementen $a_i \in A$ ist natürlich definiert (vgl. die Bemerkungen am Ende von Abschn. 1):

$$\mathop{\Box}_{i=m}^{n} a_i = \mathop{\Box}_{i=1}^{n-m+1} a_{m+i-1}.$$

Damit wird die Funktion $\Box$ aus Satz 6 erweitert zu einer Funktion von $\bigcup_{m \leqq n < \infty} A^{[m,n]}$ in A. Im Falle eines der obigen Zahlbereiche A mit $+$ bzw. $\cdot$ für $\square$ sind nach diesen allgemeinen Bemerkungen sofort definiert die Begriffe:

$$a + b + c, \quad a + b + c + d, \ldots,$$

$$a \cdot b \cdot c, \quad a \cdot b \cdot c \cdot d, \ldots,$$

$$\sum_{i=m}^{n} a_i = \sum_{m \leqq i \leqq n} a_i = a_m + \ldots + a_n,$$

$$\prod_{i=m}^{n} a_i = \prod_{m \leqq i \leqq n} a_i = a_m \cdot \ldots \cdot a_n.$$

Satz 7. *Es sei A eine Menge, $\square$ eine Operation in A und* $\boxed{}$ (nach Satz 6) *die Funktion von* $N = \bigcup_{1 \leqq n < \infty} A^{[1,n]}$ *in A mit:*

$$\mathop{\boxed{}}_{i=1}^{1} a_i = a_1, \quad \mathop{\boxed{}}_{i=1}^{n+1} a_i = \mathop{\boxed{}}_{i=1}^{n} a_i \,\square\, a_{n+1}$$

(*Rekursionsgleichungen für* $\boxed{}$).

Dann gilt:

a) *Ist $\square$ assoziativ, also stets*

$$(a \,\square\, b) \,\square\, c = a \,\square\, (b \,\square\, c),$$

so ist $\boxed{}$ *assoziativ; d. h. für jedes $(a_i)_{1 \leqq i \leqq n} \in N$ und jede Familie $(x_j)_{0 \leqq j \leqq k}$ natürlicher Zahlen mit $k \geqq 1$, $x_0 = 0$, $x_k = n$ und $x_{j-1} < x_j$ für alle j mit $1 \leqq j \leqq k$ ist*

$$\mathop{\boxed{}}_{i=1}^{n} a_i = \mathop{\boxed{}}_{j=1}^{k} \left(\mathop{\boxed{}}_{i=x_{j-1}+1}^{x_j} a_i \right).$$

b) *Ist $\square$ assoziativ und kommutativ, also stets*

$$(a \,\square\, b) \,\square\, c = a \,\square\, (b \,\square\, c), \qquad a \,\square\, b = b \,\square\, a,$$

so ist $\boxed{}$ *kommutativ; d. h. für jedes $(a_i)_{1 \leqq i \leqq n} \in N$ und jede Permutation p von $[1, n]$ ist*

$$\mathop{\boxed{}}_{i=1}^{n} a_i = \mathop{\boxed{}}_{i=1}^{n} a_{p(i)}.$$

Beweis. a) Als erstes gilt für $1 \leqq j < n$ und $(a_i)_{1 \leqq i \leqq n} \in N$:

$$\mathop{\boxed{}}_{i=1}^{n} a_i = \mathop{\boxed{}}_{i=1}^{j} a_i \,\square\, \mathop{\boxed{}}_{i=j+1}^{n} a_i. \quad (*)$$

Vollständige Induktion über $n \geqq 1$. Sei M die Menge aller $n \geqq 1$, für die (*) für jedes j mit $1 \leqq j < n$ und jedes $(a_i)_{1 \leqq i \leqq n} \in N$ gilt. Es ist trivial $1 \in M$, da es kein j mit $1 \leqq j < 1$ gibt. Ist $n \in M$ und $1 \leqq j < n + 1$, $(a_i)_{1 \leqq i \leqq n+1} \in N$, so gilt mit den Rekursionsgleichungen für $\square$:

$$j = n \to \mathop{\square}_{i=1}^{n+1} a_i = \mathop{\square}_{i=1}^{n} a_i \mathbin{\square} a_{n+1} = \mathop{\square}_{i=1}^{j} a_i \mathbin{\square} a_{n+1} = \mathop{\square}_{i=1}^{j} a_i \mathbin{\square} \mathop{\square}_{i=j+1}^{n+1} a_i,$$

$$j < n \to \mathop{\square}_{i=1}^{n+1} a_i = \mathop{\square}_{i=1}^{n} a_i \mathbin{\square} a_{n+1} = \left(\mathop{\square}_{i=1}^{j} a_i \mathbin{\square} \mathop{\square}_{i=j+1}^{n} a_i\right) \mathbin{\square} a_{n+1}$$

$$= \mathop{\square}_{i=1}^{j} a_i \mathbin{\square} \left(\mathop{\square}_{i=j+1}^{n} a_i \mathbin{\square} a_{n+1}\right) = \mathop{\square}_{i=1}^{j} a_i \mathbin{\square} \mathop{\square}_{i=j+1}^{n+1} a_i;$$

damit ist $n + 1 \in M$. Also ist $M = \boldsymbol{N} \setminus \{0\}$ und (*) bewiesen. Mit (*) beweisen wir nun a) induktiv über k. Sei M die Menge aller $k \geqq 1$, für die für jedes $n \geqq 1$, jedes $(a_i)_{1 \leqq i \leqq n} \in N$ und jede Familie $(x_j)_{0 \leqq j \leqq k}$ natürlicher Zahlen mit $x_0 = 0$, $x_k = n$ und $x_{j-1} < x_j$ für alle j mit $1 \leqq j \leqq k$ gilt:

$$\mathop{\square}_{i=1}^{n} a_i = \mathop{\square}_{j=1}^{k} \left(\mathop{\square}_{i=x_{j-1}+1}^{x_j} a_i\right). \quad (**)$$

Trivial ist $1 \in M$. Ist $k \in M$, $n \geqq 1$, $(a_i)_{1 \leqq i \leqq n} \in N$ und $(x_j)_{0 \leqq j \leqq k+1}$ eine Familie natürlicher Zahlen mit $x_0 = 0$, $x_{k+1} = n$ und $x_{j-1} < x_j$ für alle j mit $1 \leqq j \leqq k + 1$, so gilt nach (*) und (**):

$$\mathop{\square}_{i=1}^{n} a_i = \mathop{\square}_{i=1}^{x_k} a_i \mathbin{\square} \mathop{\square}_{i=x_k+1}^{n} a_i = \mathop{\square}_{j=1}^{k} \left(\mathop{\square}_{i=x_{j-1}+1}^{x_j} a_i\right) \mathbin{\square} \mathop{\square}_{i=x_k+1}^{n} a_i$$

$$= \mathop{\square}_{j=1}^{k+1} \left(\mathop{\square}_{i=x_{j-1}+1}^{x_j} a_i\right);$$

damit ist $k + 1 \in M$. Also ist $M = \boldsymbol{N} \setminus \{0\}$ und (**) bewiesen.

b) Vollständige Induktion über $n \geqq 1$. Sei M die Menge aller $n \geqq 1$, für die für jedes $(a_i)_{1 \leqq i \leqq n} \in N$ und jede Permutation p von $[1, n]$ gilt:

$$\mathop{\square}_{i=1}^{n} a_{p(i)} = \mathop{\square}_{i=1}^{n} a_i. \quad ({*}_{*}{*})$$

Trivial ist $1 \in M$. Ist $n \in M$, $(a_i)_{1 \leqq i \leqq n+1} \in N$ und p eine Permutation von $[1, n+1]$ bei $p(r) = n+1$, so gilt nach a) und $(*_*{*})$:

$$r = n+1 \to \mathop{\square}_{i=1}^{n+1} a_{p(i)} = \mathop{\square}_{i=1}^{n} a_{p(i)} \mathbin{\square} a_{p(n+1)}$$

$$= \mathop{\square}_{i=1}^{n} a_i \mathbin{\square} a_{n+1} = \mathop{\square}_{i=1}^{n+1} a_i$$

(denn $\big(p(i)\big)_{1 \leqq i \leqq n}$ ist eine Permutation von $[1, n]$),

$$r = 1 \to \mathop{\square}_{i=1}^{n+1} a_{p(i)} = \mathop{\square}_{i=1}^{1} a_{p(i)} \mathbin{\square} \mathop{\square}_{i=2}^{n+1} a_{p(i)} = a_{p(1)} \mathbin{\square} \mathop{\square}_{i=1}^{n} a_{p(i+1)}$$

$$= a_{n+1} \mathbin{\square} \mathop{\square}_{i=1}^{n} a_i = \mathop{\square}_{i=1}^{n} a_i \mathbin{\square} a_{n+1} = \mathop{\square}_{i=1}^{n+1} a_i$$

(denn $\big(p(i+1)\big)_{1 \leqq i \leqq n}$ ist als eineindeutige Abbildung von $[1, n]$ in $[1, n]$ eine Permutation von $[1, n]$),

$$1 < r < n+1 \to \mathop{\square}_{i=1}^{n+1} a_{p(i)} = \mathop{\square}_{i=1}^{r-1} a_{p(i)} \mathbin{\square} a_{p(r)} \mathbin{\square} \mathop{\square}_{i=r+1}^{n+1} a_{p(i)}$$

$$= \left(\mathop{\square}_{i=1}^{r-1} a_{p(i)} \mathbin{\square} \mathop{\square}_{i=r+1}^{n+1} a_{p(i)}\right) \mathbin{\square} a_{n+1}$$

$$= \left(\mathop{\square}_{i=1}^{r-1} a_{p(i)} \mathbin{\square} \mathop{\square}_{i=r}^{n} a_{p(i+1)}\right) \mathbin{\square} a_{n+1}$$

$$= \mathop{\square}_{i=1}^{n} a_{q(i)} \mathbin{\square} a_{n+1} = \mathop{\square}_{i=1}^{n} a_i \mathbin{\square} a_{n+1} = \mathop{\square}_{i=1}^{n+1} a_i$$

(denn $q = \big(p(i)\big)_{1 \leqq i \leqq r-1} \cup \big(p(i+1)\big)_{r \leqq i \leqq n}$ ist eine Permutation von $[1, n]$); damit ist $n+1 \in M$. Also ist $M = \boldsymbol{N} \setminus \{0\}$ und $(*_*{*})$ bewiesen.

Ergänzungen:

(1) Ist $\square$ eine assoziative und kommutative Operation in A mit der nach Satz 6 zugehörigen Funktion $\square$ von N in A, so kann man auf Grund der nach Satz 7 b) gültigen

Kommutativität von $\square$ für jede Familie $(a_i)_{i \in I}$ von Elementen $a_i \in A$ mit endlichem Indexbereich $I \neq \emptyset$ den Begriff

$$\underset{i \in I}{\boxtimes} a_i = \overset{n}{\underset{i=1}{\square}} a_{k(i)}$$

erklären, wo k bei $n = \operatorname{card} I$ irgendeine eineindeutige Abbildung von $[1, n]$ auf I ist. Im Falle endlicher Summen und Produkte von Zahlenfamilien $(a_i)_{i \in I}$ wählt man als Symbol $\boxtimes$ natürlich wieder $\sum$ und $\prod$ und hat die Definitionen:

$$\sum_{i \in I} a_i = \sum_{i=1}^{n} a_{k(i)}, \quad \prod_{i \in I} a_i = \prod_{i=1}^{n} a_{k(i)}.$$

(2) Wie Satz 6 läßt sich zu $\square$ auch die Existenz einer eindeutig bestimmten Funktion $\square$ von N in A beweisen mit den Rekursionsgleichungen:

$$\overset{1}{\underset{i=1}{\square}} a_i = a_1, \quad \overset{n+1}{\underset{i=1}{\square}} a_i = a_{n+1} \square \overset{n}{\underset{i=1}{\square}} a_i,$$

und Satz 7 gilt auch für diese Funktion $\square$. Im Falle der Kommutativität von $\square$ fallen beide Arten von $\square$ zusammen.

(3) Am Beweis von Satz 7 (gleichgültig, für welche der beiden Arten $\square$) ändert sich nichts, wenn $\square$, $\square$ außermathematische Objekte sind wie etwa $\circ$, $\bigcirc$, $\vartriangle$, $\triangle$ (vgl. Abschn. 4; $\circ$, $\vartriangle$ aufgefaßt als „Operationen" im Bereich der Abbildungen bzw. Mengen und $\bigcirc$, $\triangle$ als „Funktionen" über dem Bereich aller Abbildungsfamilien $(f_i)_{1 \leqq i \leqq n}$ bzw. aller Mengenfamilien $(A_i)_{1 \leqq i \leqq n}$). Die Zeichen $\square$, $\square$ sind dann in Satz 7 exakt nicht als Variable für (mengentheoretische) Objekte aufzufassen, sondern $a \square b$ bzw. $\square\,(a)$ sind lediglich mengentheoretische Terme, welche gewissen Objekten a, b ein eindeutig bestimmtes Objekt $a \square b$ bzw. $\square\,(a)$ zuordnen.

Nach Ergänzung (3) sind die in Abschn. 4 eingeführten n-stelligen Abbildungsprodukte $\bigcirc$ und symmetrischen Differenzen $\triangle$ assoziativ und ist $\triangle$ kommutativ. Man kann auch so argumentieren: Jede Abbildungsfamilie $(f_i)_{1 \leqq i \leqq n_0}$ ist Element einer gegenüber $\circ$ abgeschlossenen Menge A mit $\{f_1, \ldots, f_{n_0}\} \subseteq A$ (wähle A als geeigneten Allbereich); man betrachte die Menge B aller Abbildungen $g \in A$, wähle die Operation $\square$ in B als auf B eingeschränktes $\circ$ und $\Box$ als die durch $\bigcirc$ gelieferte Funktion über $\bigcup\limits_{1 \leqq n < \infty} B^{[1,n]}$; Satz 7 ergibt dann mit Ergänzung (2) die gewünschte Assoziativität für die betrachtete Familie $(f_i)_{1 \leqq i \leqq n_0}$. Analog bei $\triangle$.

6. Unendliche Reihen. Mit den endlichen Summen und Produkten in $\boldsymbol{R}$ führt man die (unendlichen) Summenreihen und Produktreihen in $\boldsymbol{R}$ ein mit ihren (unendlichen) Summen und Produkten. (Verwendet man $\boldsymbol{C}$ statt $\boldsymbol{R}$, so erhält man entsprechend die komplexen Reihen.) Sei $(a_i)_{i<\infty}$ eine Folge reeller Zahlen. Für jedes $n \geqq 0$ heißt die endliche Summe

$$s_n = \sum_{i=0}^{n} a_i$$

die *n-te Teilsumme* (*Partialsumme*) von $(a_i)_{i<\infty}$ und das endliche Produkt

$$p_n = \prod_{i=0}^{n} a_i$$

das *n-te Teilprodukt* (*Partialprodukt*) von $(a_i)_{i<\infty}$. Die Folgen

$$(s_n)_{n<\infty}, \qquad (p_n)_{n<\infty}$$

heißen die (*unendliche*) *Summenreihe* bzw. die (*unendliche*) *Produktreihe* von $(a_i)_{i<\infty}$, bezeichnet mit:

$$\sum_{i=0}^{\infty} a_i, \qquad \sum_{i<\infty} a_i, \qquad a_0 + a_1 + a_2 + \ldots,$$

$$\prod_{i=0}^{\infty} a_i, \qquad \prod_{i<\infty} a_i, \qquad a_0 \cdot a_1 \cdot a_2 \cdot \ldots.$$

Sind Verwechslungen ausgeschlossen, so sagt man statt „Summenreihe“, „Produktreihe“ einfach (*unendliche*) *Reihe*. Konvergiert die Folge $(s_n)_{n<\infty}$ — d. h. gibt es (dann sogar genau) ein $S \in \boldsymbol{R}$, so daß es für jedes $\varepsilon \in \boldsymbol{R}$ mit $\varepsilon > 0$ ein n_0 gibt mit $|S - s_n| < \varepsilon$ für alle $n \geqq n_0$ —, so sagt man, $\sum_{i=0}^{\infty} a_i$ *konvergiert* und nennt den Grenzwert S die (*unendliche*) *Summe* der Reihe $\sum_{i=0}^{\infty} a_i$, ebenfalls bezeichnet mit:

$$\sum_{i=0}^{\infty} a_i, \qquad \sum_{i<\infty} a_i, \qquad a_0 + a_1 + a_2 + \dots .$$

Ähnlich definiert man das (*unendliche*) *Produkt* der Reihe $\prod_{i=0}^{\infty} a_i$, ebenfalls bezeichnet mit:

$$\prod_{i=0}^{\infty} a_i, \qquad \prod_{i<\infty} a_i, \qquad a_0 \cdot a_1 \cdot a_2 \cdot \dots .$$

Es ist allerdings die Sonderrolle der Null bei der Multiplikation zu berücksichtigen, weshalb man festlegt: Die Reihe $\prod_{i=0}^{\infty} a_i$ heißt *konvergent*, falls alle $a_i \neq 0$ sind und die Folge $(p_n)_{n<\infty}$ gegen einen Grenzwert $P \neq 0$ konvergiert, oder falls es einen Index m gibt mit $a_i \neq 0$ für alle $i > m$ und die Restreihe $\prod_{i=m+1}^{\infty} a_i$ gegen ein $P' \neq 0$ konvergiert; im ersten Fall ist P, im zweiten $P = p_m \cdot P'$ das Produkt der Reihe $\prod_{i=0}^{\infty} a_i$.

Man muß stets die doppelte Bedeutung der Symbole $\sum, \prod$ auseinanderhalten; einmal bedeuten sie unendliche Reihen, einmal deren Summe bzw. Produkt.

7. Determinanten. Als letztes Beispiel induktiver Definitionen mathematischer Grundbegriffe wollen wir die reellen Determinanten definieren, wofür zunächst der Begriff der endlichen Matrix eingeführt werden muß.

(Verwendet man $\boldsymbol{Q}$ oder $\boldsymbol{C}$ statt $\boldsymbol{R}$, so erhält man entsprechend die rationalen oder komplexen Determinanten.)

Definition 8. Sei $m, n \geqq 1$ und A eine Menge: Eine *(m, n)-Matrix* ist eine Funktion über $[1, m] \times [1, n]$; eine *(m, n)-Matrix (von Elementen) aus A* ist eine Funktion von $[1, m] \times [1, n]$ in A. ∎

Ist a eine (m, n)-Matrix, so schreibt man für a auch:

$$(a_{ik})_{\substack{1 \leq i \leq m \\ 1 \leq k \leq n}}$$

(gelesen: *Matrix der a_{ik} für* $1 \leqq i \leqq m$ *und* $1 \leqq k \leqq n$)

oder (wenn Mißverständnisse ausgeschlossen sind) einfach

$$(a_{ik})$$

(gelesen: *Matrix der a_{ik}*)

oder anschaulich

$$\begin{pmatrix} a_{11} & \dots & a_{1n} \\ \dots & \dots & \dots \\ a_{m1} & \dots & a_{mn} \end{pmatrix}.$$

Für (m_1, n_1)-Matrizen $A = (a_{ik})$ und (m_2, n_2)-Matrizen $B = (b_{ik})$ gilt nach der Wertverlaufsbestimmtheit von Funktionen (Satz 2, § 3) $A = B$ genau dann, wenn $m_1 = m_2$ und $n_1 = n_2$ ist und $a_{ik} = b_{ik}$ für alle Indizes (i, k) gilt, also genau dann, wenn A und B vom selben Typ sind und elementweise übereinstimmen. Eine diesbezügliche Definition der Gleichheit von Matrizen ist also überflüssig. Zeichnet man irgendein rechteckiges Schema von Elementen auf, etwa das Zahlenschema

$$\begin{pmatrix} 1 & 3 & 14 & 7 \\ 2 & 5 & 0 & 9 \\ 0 & 4 & 6 & 10 \end{pmatrix},$$

und spricht man von der Matrix dieser Elemente, so ist damit stets für passende m, n die entsprechend zugehörige (m, n)-Matrix a gemeint, in unserem Beispiel also die $(3, 4)$-Matrix (a_{ik}) natürlicher Zahlen mit

$$\begin{array}{llll} a_{11} = 1, & a_{12} = 3, & a_{13} = 14, & a_{14} = 7, \\ a_{21} = 2, & a_{22} = 5, & a_{23} = 0, & a_{24} = 9, \\ a_{31} = 0, & a_{32} = 4, & a_{33} = 6, & a_{34} = 10. \end{array}$$

Mit Hilfe des Matrixbegriffes lassen sich nun die reellen Determinanten einführen. Man betrachtet also reelle quadratische Matrizen, d. h. (n, n)-Matrizen aus $\boldsymbol{R}$, und will jeder solchen Matrix

$$A = (a_{ik})_{1 \leqq \underbrace{i, k} \leqq n} = (a_{ik})_{1 \leqq i, k \leqq n}$$

eine reelle Zahl Det A so zuordnen, daß die *Rekursionsgleichungen* bestehen (Entwicklung nach der ersten Spalte):

$$n = 1 \to \operatorname{Det} A = a_{11},$$

$$n \geqq 2 \to \operatorname{Det} A = \sum_{i=1}^{n} [(-1)^{i-1} \cdot a_{i1} \cdot \operatorname{Det} A^{(i)}],$$

wobei $A^{(i)}$ die aus A durch Streichung der 1. Spalte und i. Zeile hervorgehende Matrix ist. Anschaulich ist die eindeutige Existenz einer solchen Funktion Det über der Menge

$$\mathfrak{M} = \{A \mid \exists n (n \geqq 1 \wedge A \ \textit{ist } (n, n)\textit{-Matrix aus } \boldsymbol{R})\}$$

aller reellen quadratischen Matrizen evident; man braucht ja Det A nur sukzessiv für die Fälle $n = 1, 2, 3, \ldots$ zu definieren. Wir erhalten den exakten Existenzbeweis über Satz 12, § 7. Zunächst gibt es, wie man durch vollständige Induktion über $n \geqq 1$ zeigt, höchstens eine Funktion Det von $\mathfrak{M}$ in $\boldsymbol{R}$, welche die gewünschten Rekursionsgleichungen erfüllt. Es sei weiterhin für $n \geqq 1$:

$$M_n = \{A \mid A \ \textit{ist } (n, n)\textit{-Matrix aus } \boldsymbol{R}\},$$

$$F_n = \{f \mid f \ \textit{Funktion von } M_n \textit{ in } \boldsymbol{R}\} = \boldsymbol{R}^{M_n},$$

$$\mathfrak{F} = \bigcup_{1 \leqq n < \infty} F_n.$$

Für jedes $f \in \mathfrak{F}$ gibt es genau ein $n \geqq 1$ mit $f \in F$ (wegen $M_n \cap M_m = \emptyset$ für $n \neq m$). Schließlich sei g die Funktion von M_1 in $\boldsymbol{R}$ mit für jedes $A \in M_1$ be $A = (a_{ik})_{1 \leqq i, k \leqq 1}$:

$$g_1(A) = a_{11}$$

und sei T die Funktion von $\boldsymbol{N} \times \mathfrak{F}$ in $\mathfrak{F}$ mit für jedes m und jedes $f \in \mathfrak{F}$ bei $f \in F_n$:

$$T(m, f) = \begin{cases} g_1 & \text{für} \quad m = 0 \\ g & \text{für} \quad 1 \leqq m, \end{cases}$$

wobei g die Funktion von M_{n+1} in $\boldsymbol{R}$ ist mit für jedes $A \in M_{n+1}$ bei $A = (a_{ik})_{1 \leqq i, k \leqq n+1}$:

$$g(A) = \sum_{i=1}^{n+1} [(-1)^{i-1} \cdot a_{i1} \cdot f(A^{(i)})].$$

Nach Satz 12, § 7 existiert die Funktion Φ von $\boldsymbol{N}$ in $\mathfrak{F}$ mit für jedes $n \geqq 1$:

$$\Phi(1) = g_1, \qquad \Phi(n+1) = T(n, \Phi(n)).$$

Durch vollständige Induktion über $n \geqq 1$ beweist man $\Phi(n) \in F_n$, definiert für jede reelle (n, n)-Matrix A:

$$\operatorname{Det} A = \Phi(n)(A)$$

und erhält für Det sofort die Gültigkeit der Rekursionsgleichungen. Schreibweisen für Det A bei $A = (a_{ik})_{1 \leqq i, k \leqq n}$ auch:

$$|A|, \qquad |a_{ik}|_{1 \leqq i, k \leqq n}, \qquad |a_{ik}|$$

(gelesen: *Determinante* A bzw. *Determinante der* a_{ik} *für* $1 \leqq i, k \leqq n$ bzw. *Determinante der* a_{ik})

oder

$$\begin{vmatrix} a_{11} & \dots & a_{1n} \\ \dots & \dots & \dots \\ a_{n1} & \dots & a_{nn} \end{vmatrix}.$$

8. Allbereiche. Die bisherigen Entwicklungen zeigen die Nützlichkeit der Allmengen, speziell der Allbereiche. So dienten Allbereiche zum Existenznachweis der Menge der natürlichen Zahlen, der n-Tupel und damit der n-fachen kartesischen Produkte und n-ten Potenzen, der n-fachen Abbildungsprodukte und n-fachen symmetrischen Differenzen. In allen Fällen beruhte die Anwendung der Allbereiche auf der Abgeschlossenheit der Allbereiche gegenüber gewissen mengentheoretischen Prozessen. Wir wollen deshalb abschließend für den Gebrauch von Allbereichen systematisch deren Abgeschlossenheitseigenschaften aufzeichnen.

Satz 8. *Für Allbereiche* $\mathfrak{B}$, *Objekte* a, b, *Mengen* A, B, *Abbildungen* f, g, *Mengensysteme* M, *Mengenfamilien* $(C_x)_{x\in I}$, *natürliche Zahlen* $n \geqq 1$, *Elementefamilien* $(c_i)_{1\leq i\leq n}$, *Mengenfamilien* $(D_i)_{1\leq i\leq n}$ *und Abbildungsfamilien* $(h_i)_{1\leq i\leq n}$ *gilt:*

a) $\boldsymbol{U} \in \mathfrak{B}, \quad \emptyset \in \mathfrak{B}$,

b) $a, b \in \mathfrak{B} \to \{a\}, \{a, b\}, (a, b) \in \mathfrak{B}$,

c) $A \in \mathfrak{B} \to A \subseteq \mathfrak{B}, \quad B \subseteq A \in \mathfrak{B} \to B \in \mathfrak{B}$,
$A \in \mathfrak{B} \to \mathfrak{P} A \in \mathfrak{B}$,
$A, B \in \mathfrak{B} \to A \cup B, A \cap B, A \setminus B, A \triangle B \in \mathfrak{B}$
$\wedge\; A \times B, A^B \in \mathfrak{B}$,
$\emptyset \neq A \times B \in \mathfrak{B} \to A, B \in \mathfrak{B}$,

d) $f \in \mathfrak{B} \leftrightarrow \mathrm{D}(f) \in \mathfrak{B} \wedge \mathrm{W}(f) \in \mathfrak{B}$,
$f \in \mathfrak{B} \to f\langle A\rangle, \mathrm{Bs} f, f \mid A, f \parallel A \in \mathfrak{B}$,
$f, g, A \in \mathfrak{B} \to \mathrm{Id}_A, g \circ f, f^{-1} \in \mathfrak{B}$,
$M \in \mathfrak{B} \to \bigcup M, \bigtimes M \in \mathfrak{B}$,
$\bigcup M \in \mathfrak{B} \vee \emptyset \neq \bigtimes M \in \mathfrak{B} \to M \in \mathfrak{B}$,

e) $A \subseteq \mathfrak{B} \wedge A$ *endlich* $\to A \in \mathfrak{B}$,
f *Funktion aus* $\mathfrak{B}$ *in* $\mathfrak{B} \wedge \mathrm{D}(f)$ *endlich* $\to f \in B$,
I *endlich* $\wedge \{C_x\}_{x\in I} \subseteq \mathfrak{B} \to \bigcup\limits_{x\in I} C_x \in \mathfrak{B}$,

$$I \subseteq \mathfrak{B} \wedge I \text{ endlich} \wedge \{C_x\}_{x\in I} \subseteq \mathfrak{B} \to \bigtimes_{x\in I} C_x \in \mathfrak{B},$$

$$\emptyset \neq \bigtimes_{x\in I} C_x \in \mathfrak{B} \to I \in \mathfrak{B} \wedge \{C_x\}_{x\in I} \subseteq \mathfrak{B},$$

f) $\boldsymbol{N} \subseteq \mathfrak{B}$,

$$\{c_i\}_{1\leq i\leq n} \subseteq \mathfrak{B} \to \{c_1, \ldots, c_n\}, (c_1, \ldots, c_n) \in \mathfrak{B},$$

$$\{D_i\}_{1\leq i\leq n} \subseteq \mathfrak{B} \to \mathop{\triangle}_{i=1}^{n} D_i, \bigtimes_{i=1}^{n} D_i \in \mathfrak{B},$$

$$\bigtimes_{i=1}^{n} D_i \in \mathfrak{B} \leftrightarrow \bigtimes_{i\in[1,n]} D_i \in \mathfrak{B},$$

$$\{h_i\}_{1\leq i\leq n} \subseteq \mathfrak{B} \to \mathop{\bigcirc}_{i=1}^{n} h_i \in \mathfrak{B},$$

g) $\exists X(X \text{ Allbereich} \wedge X \subset \mathfrak{B}) \to \boldsymbol{N}, \boldsymbol{Z}, \boldsymbol{Q}, \boldsymbol{R}, \boldsymbol{C} \in \mathfrak{B}$.

Beweis. Nach Bd. I, § 5, Abschn. 2 ist eine Menge A eine Allmenge, falls

$$A = \{x \mid x \sqsubset A\}$$

gilt, und ist eine Allmenge A ein Allbereich, falls A ein Grenzbereich ist, d. h. falls

$$A \neq \emptyset \wedge \forall x \exists y(x \in A \to x \sqsubset y \in A)$$

gilt. Sei nun $\mathfrak{B}$ ein Allbereich.

a) Es gibt Elemente $x, y \in \mathfrak{B}$ mit $x \sqsubset y$, wobei dann y eine Menge ist (Satz 1c), Bd. I, § 5); es ist weiter (Satz 1g), Bd. I, § 5)

$$\emptyset \subseteq \boldsymbol{U} \sqsubseteq y \sqsubset \mathfrak{B},$$

also

$$\boldsymbol{U}, \emptyset \sqsubset \mathfrak{B}, \qquad \boldsymbol{U}, \emptyset \in \mathfrak{B}.$$

b) Sind $a, b \in \mathfrak{B}$ mit etwa $a \sqsubseteq b$, so existiert ein $y \in \mathfrak{B}$ mit $b \sqsubset y$; dann gilt

$$\{a\}, \{a, b\} \sqsubseteq y \sqsubset \mathfrak{B},$$

also

$$\{a\}, \{a, b\}, (a, b) \in \mathfrak{B}.$$

c) A, B seien Mengen. Ist $B \subseteq A \in \mathfrak{B}$, so $B \sqsubset A \ulcorner \mathfrak{B}$ und $x \ulcorner \mathfrak{B}$ für alle $x \in A$, also $B \in \mathfrak{B}$ und $A \subseteq \mathfrak{B}$. Ist $A \in \mathfrak{B}$, so gilt wegen $A \ulcorner \{A\} \in \mathfrak{B}$:

$$\mathfrak{P}A \sqsubset \{A\} \ulcorner \mathfrak{B}, \qquad \mathfrak{P}A \in \mathfrak{B}.$$

Sind $A, B \in \mathfrak{B}$ mit etwa $A \sqsubset B$, so gilt

$$A \cup B \sqsubset B \ulcorner \mathfrak{B}, \qquad A \cup B \in \mathfrak{B}.$$

Als Teilmengen von $A \cup B$ sind dann $A \cap B, A \setminus B$ Elemente von $\mathfrak{B}$ und sind wegen

$$A \vartriangle B = (A \setminus B) \cup (B \setminus A),$$

$$A \times B \subseteq \mathfrak{P}\big(A \cup B \cup \mathfrak{P}(A \cup B)\big), \qquad A^B \subseteq \mathfrak{P}(B \times A)$$

auch $A \vartriangle B, A \times B, A^B$ Elemente von $\mathfrak{B}$, falls A, B Elemente von $\mathfrak{B}$ sind. Gilt $\emptyset \neq A \times B \in \mathfrak{B}$, so sind $A, B \in \mathfrak{B}$ wegen $A, B \sqsubset A \times B$.

d) Für Abbildungen f, g, Mengen A und Mengensysteme M gilt:

$$\mathrm{D}(f), \mathrm{W}(f) \sqsubset f \subseteq \mathrm{D}(f) \times \mathrm{W}(f),$$

$$f\langle A\rangle \subseteq \mathrm{W}(f), \qquad \mathrm{Bs}\, f \subseteq \mathfrak{P}\mathrm{W}(f),$$

$$f \mid A \subseteq f, \qquad f \parallel A \subseteq f,$$

$$\mathrm{Id}_A \subseteq A \times A, \quad g \circ f \subseteq \mathrm{D}(f) \times \mathrm{W}(g), \ f^{-1} \subseteq \mathrm{W}(f) \times \mathrm{D}(f),$$

$$\bigcup M \sqsubset M, \qquad \mathbf{X} M \subseteq \mathfrak{P}(M \times \bigcup M),$$

$$M \subseteq \mathfrak{P} \bigcup M, \quad \emptyset \neq \mathbf{X} M \to M \sqsubset \{\mathbf{X} M\}.$$

Damit ist d) über c) bewiesen.

e) Ist $A \subseteq \mathfrak{B}$ und A endlich, so ist $A \in \mathfrak{B}$ nach Satz 6f), § 9. Für jede Funktion f gilt nach Satz 1h), § 9:

$$\mathrm{D}(f) \textit{ endlich} \to \mathrm{W}(f) \textit{ endlich}.$$

Damit folgt über d) insgesamt für eine Funktion f aus $\mathfrak{B}$ in $\mathfrak{B}$:

$$\mathrm{D}(f) \textit{ endlich} \to f \in \mathfrak{B}.$$

Ist $(C_x)_{x\in I}$ eine Mengenfamilie mit endlichem I und $C_x \in \mathfrak{B}$ für alle $x \in I$, so ist

$$\mathrm{W}(C) \subseteq \mathfrak{B}, \qquad \mathrm{W}(C) \textit{ endlich},$$

also $\mathrm{W}(C) \in \mathfrak{B}$ und nach d):

$$\bigcup_{x\in I} C_x = \bigcup \mathrm{W}(C) \in \mathfrak{B}.$$

Ist zusätzlich noch $I \subseteq \mathfrak{B}$, so $I \in \mathfrak{B}$ und damit $\bigtimes_{x\in I} C_x \in \mathfrak{B}$ wegen

$$\bigtimes_{x\in I} C_x \subseteq \mathfrak{P}(I \times \bigcup_{x\in I} C_x).$$

Für jede beliebige Mengenfamilie $(C_x)_{x\in I}$ und jedes $y \in I$ gilt:

$$\emptyset \neq \bigtimes_{x\in I} C_x \to I, C_y \subseteq \bigtimes_{x\in I} C_x,$$

womit auch die letzte Behauptung von e) bewiesen ist.

f) Nach a), b), c) ist $\mathfrak{B}$ eine induktive Menge (Definition 1, § 7), also $\boldsymbol{N} \subseteq \mathfrak{B}$ (Definition 2, § 7). Ist dann $(c_i)_{1\leq i\leq n}$ eine Elementefamilie mit stets $c_i \in \mathfrak{B}$, so ist nach e) $c \in \mathfrak{B}$, also nach d)

$$\{c_1, \ldots, c_n\} = \mathrm{W}(c) \in \mathfrak{B}.$$

Da $\mathfrak{B}$ gegenüber Paarbildung abgeschlossen ist, erhält man weiter induktiv über n auch

$$(c_1, \ldots, c_n) \in \mathfrak{B}.$$

Ist $(D_i)_{1\leq i\leq n}$ eine Mengenfamilie und $(h_i)_{1\leq i\leq n}$ eine Abbildungsfamilie mit stets $D_i \in \mathfrak{B}$, $h_i \in \mathfrak{B}$, so ergibt Induktion über n wegen der Abgeschlossenheit von $\mathfrak{B}$ gegenüber $\vartriangle$, $\times$, $\circ$:

$$\bigtriangleup_{i=1}^{n} D_i, \bigtimes_{i=1}^{n} D_i, \bigcirc_{i=1}^{n} h_i \in \mathfrak{B}.$$

Ohne die Voraussetzung $D_i \in \mathfrak{B}$ zeigt man induktiv über n:

$$\emptyset \neq \bigtimes_{i=1}^{n} D_i \in \mathfrak{B} \to \{D_i\}_{1 \leqq i \leqq n} \subseteq \mathfrak{B}.$$

Damit gilt bei stets $D_i \neq \emptyset$:

$$\bigtimes_{i=1}^{n} D_i \in \mathfrak{B} \leftrightarrow \{D_i\}_{1 \leqq i \leqq n} \subseteq \mathfrak{B} \leftrightarrow \bigtimes_{i \in [1,n]} D_i \in \mathfrak{B},$$

und im Falle $D_i = \emptyset$ für ein $i \in [1, n]$ ist

$$\bigtimes_{i=1}^{n} D_i = \emptyset = \bigtimes_{i \in [1,n]} D_i.$$

g) Sei X ein Allbereich mit $X \subset \mathfrak{B}$, also $X \in \mathfrak{B}$. Nach f) ist $\boldsymbol{N} \subseteq X$, also $\boldsymbol{N} \in \mathfrak{B}$. Damit sind alle Zahlbereiche gemäß ihrer Definition (vgl. § 8) Elemente von $\mathfrak{B}$ wegen:

$$\begin{aligned}
&\boldsymbol{Z} \subseteq \boldsymbol{N} \cup \mathfrak{P}(\boldsymbol{N} \times \boldsymbol{N}),\\
&\boldsymbol{Q} \subseteq \boldsymbol{Z} \cup \big(\{\boldsymbol{Z}\} \times \mathfrak{P}(\boldsymbol{Z} \times \boldsymbol{Z})\big),\\
&\boldsymbol{R} \subseteq \boldsymbol{Q} \cup \mathfrak{P}(\boldsymbol{Q}^{\boldsymbol{N}}),\\
&\boldsymbol{C} \subseteq \boldsymbol{R} \cup \big(\{\boldsymbol{R}\} \times (\boldsymbol{R} \times \boldsymbol{R})\big).
\end{aligned}$$

$\boldsymbol{N} \subseteq \mathfrak{B}$ für jeden Allbereich $\mathfrak{B}$ und Satz 8g) sind bewiesene Eigenschaften, die man erforderlichenfalls zu den strukturellen Axiomen der einzelnen Zahlbereiche als weitere Axiome hinzufügen darf.

9. Zusammenfassung der Begriffe. Für natürliche Zahlen n, p, q mit $n \geqq 1$, $p \leqq q$, Elementefamilien $(a_i)_{i \in [1,n]}$, Mengenfamilien $(A_i)_{i \in [1,n]}$, Mengen B, F, R, O und Abbildungsfamilien $(f_i)_{i \in [1,n]}$ gilt:

$$[p, q] = \{x \in \boldsymbol{N} \mid p \leqq x \leqq q\},$$

$$(a_i)_{1 \leqq i \leqq n} = (a_i)_{i \in [1,n]},$$

$$\{a_1, \ldots, a_n\} = \{a_i\}_{i \in [1,n]} = \{x \mid \exists i (i \in [1, n] \wedge x = a_i)\},$$

$$\bigcup_{i=1}^{n} A_i = \bigcup_{i \in [1,n]} A_i = \{x \mid \exists i (i \in [1, n] \wedge x \in A_i)\},$$

$$\bigcap_{i=1}^{n} A_i = \bigcap_{i\in[1,n]} A_i = \{x \mid \forall\, i(i \in [1,n] \rightarrow x \in A_i)\},$$

$(a_1, \ldots, a_n) = \varphi(n)$ *für die Funktion* φ *über* $[1,n]$ *mit für jedes* $i \in [1,n]$:

$$\varphi(1) = a_1,$$
$$i < n \rightarrow \varphi(i+1) = (\varphi(i), a_{i+1}),$$

$$\bigtimes_{i=1}^{n} A_i = \Bigl\{(x_1, \ldots, x_n) \Bigm| x \in \bigtimes_{i\in[1,n]} A_i\Bigr\},$$

$B^n = \{(x_1, \ldots, x_n) \mid x \in B^{[1,n]}\},$

F *n-stellige Abbildung aus* $B \leftrightarrow F$ *Abbildung* $\wedge \mathrm{D}(F) \subseteq B^n$,

F *n-stellige Abbildung* $\leftrightarrow F$ *Abbildung* $\wedge \exists X(X$ *Menge* $\wedge \mathrm{D}(F) \subseteq X^n)$,

F *n-stellige Funktion aus* $B \leftrightarrow F$ *Funktion* $\wedge \mathrm{D}(F) \subseteq B^n$,

F *n-stellige Funktion* $\leftrightarrow F$ *Funktion* $\wedge \exists X(X$ *Menge* $\wedge \mathrm{D}(F) \subseteq X^n)$,

R *n-stellige Relation in* $B \leftrightarrow R \subseteq B^n$,

R *n-stellige Relation* $\leftrightarrow \exists X(X$ *Menge* $\wedge R \subseteq X^n)$,

O *n-stellige Operation in* $B \leftrightarrow O$ *Funktion von* B^n *in* B,

O *n-stellige Operation* $\leftrightarrow \exists X(X$ *Menge* $\wedge O$ *Funktion von* X^n *in* $X)$,

$\bigcirc_{i=1}^{n} f_i = \varphi(n)$ *für die Funktion* φ *über* $[1,n]$, *deren Werte Abbildungen sind, mit für jedes* $i \in [1,n]$:

$$\varphi(1) = f_1,$$
$$i < n \rightarrow \varphi(i+1) = f_{i+1} \circ \varphi(i),$$

$\triangle_{i=1}^{n} A_i = \varphi(n)$ *für die Funktion* φ *über* $[1,n]$, *deren Werte Mengen sind, mit für jedes* $i \in [1,n]$:

$$\varphi(1) = A_1,$$
$$i < n \rightarrow \varphi(i+1) = \varphi(i) \triangle A_{i+1}.$$

§ 11. Strukturen

1. Axiomatische Teilsysteme. Beim Aufbau des Zahlensystems (vgl. § 8) haben wir festgestellt, daß man im Rahmen der axiomatischen Mengenlehre alle Ergebnisse über Zahlen aus einigen wenigen an die Spitze gestellten beweisbaren Aussagen der einzelnen Zahlbereiche $\boldsymbol{N}$, $\boldsymbol{Z}$, $\boldsymbol{Q}$, $\boldsymbol{R}$, $\boldsymbol{C}$ ableiten kann. Die an die Spitze gestellten Aussagen hießen die Axiome der betreffenden Zahlart, und der jeweilige Zahlbereich wurde mit den in den Axiomen auftretenden Grundbegriffen zusammen zu einem Tupel zusammengefaßt, welches dann in Verbindung mit den Axiomen die strukturelle Grundlage für alle weiteren Untersuchungen des Zahlbereiches bildete. So entstanden die speziellen Strukturen

$$(\boldsymbol{N}, 0, '), \quad (\boldsymbol{Z}, +, \cdot, \leqq), \quad (\boldsymbol{Q}, +, \cdot, \leqq),$$
$$(\boldsymbol{R}, +, \cdot, \leqq), \quad (\boldsymbol{C}, \boldsymbol{R}, i, +, \cdot, \leqq)$$

(wo also $+$, $\cdot$, $\leqq$ die jeweiligen speziellen Operationen und Relationen bezeichnen) und die allgemeinen Begriffe eines PEANO-Systems, eines geordneten Ringes der ganzen Zahlen, eines geordneten Körpers der rationalen Zahlen, eines geordneten Körpers der reellen Zahlen und eines Körpers der komplexen Zahlen. Als Beispiel ist ein *geordneter Körper der rationalen Zahlen* ein Quadrupel $(A, +, \cdot, \leqq)$ mit den in § 8, Abschn. 3 angeführten Eigenschaften, sofern man dort an Stelle der speziellen $\boldsymbol{Q}$, $+$, $\cdot$, $\leqq$ beliebige Objekte A, $+$, $\cdot$, $\leqq$ setzt ($+$, $\cdot$, $\leqq$ sind jetzt *Variable für Objekte*), und die Theorie der rationalen Zahlen beruht darauf, daß das spezielle Quadrupel $(\boldsymbol{Q}, +, \cdot, \leqq)$ ein geordneter Körper der rationalen Zahlen ist.

In den Zahlbereichen $\boldsymbol{Q}$, $\boldsymbol{R}$, $\boldsymbol{C}$ liegen jeweils zwei Operationen $+$, $\cdot$ vor, für welche die *Körperaxiome* gelten (vgl. § 8, Abschn. 3; die Grundmenge besitze dabei immer mindestens zwei Elemente). In den Zahlbereichen $\boldsymbol{N}$, $\boldsymbol{Z}$, $\boldsymbol{Q}$, $\boldsymbol{R}$ liegt jeweils eine Relation $\leqq$ vor mit den folgenden *Vollordnungsaxiomen*:

$$a \leqq a,$$

$$a \leqq b \leqq c \rightarrow a \leqq c,$$

$$a \leqq b \leqq a \rightarrow a = b,$$

$$a \leqq b \vee b \leqq a.$$

Betrachtet man dann ($+$, $\cdot$, $\leqq$ seien wieder Objektvariable) beliebige Tripel $(A, +, \cdot)$ bzw. Paare $(A, \leqq)$, so daß $+$, $\cdot$ Operationen in A sind mit den Körperaxiomen bzw. $\leqq$ eine Relation in A ist mit den obigen Vollordnungsaxiomen, so liefert eine allgemeine Theorie solcher *Körper* $(A, +, \cdot)$ bzw. solcher *vollgeordneten Mengen* $(A, \leqq)$ Ergebnisse, welche automatisch in jeder speziellen dieser Strukturen Gültigkeit haben, also etwa in den speziellen Körpern

$$(\boldsymbol{Q}, +, \cdot), \quad (\boldsymbol{R}, +, \cdot), \quad (\boldsymbol{C}, +, \cdot)$$

bzw. in den speziellen vollgeordneten Mengen

$$(\boldsymbol{N}, \leqq), \quad (\boldsymbol{Z}, \leqq), \quad (\boldsymbol{Q}, \leqq), \quad (\boldsymbol{R}, \leqq)$$

(wobei $+$, $\cdot$, $\leqq$ jetzt die speziellen Operationen und Relationen bezeichnen).

Ein Paar (A, ϱ) heißt ein *metrischer Raum*, falls A eine Menge und ϱ eine Funktion von $A \times A$ in $\boldsymbol{R}$ ist mit Gültigkeit der *Axiome des metrischen Raumes;* d. h. für beliebige $a, b, c \in A$ gilt $\varrho(a, b) \geqq 0$ und:

$$\varrho(a, b) = 0 \leftrightarrow a = b,$$

$$\varrho(a, b) = \varrho(b, a),$$

$$\varrho(a, c) \leqq \varrho(a, b) + \varrho(b, c).$$

Die allgemeine Theorie der metrischen Räume liefert Ergebnisse, welche automatisch in jedem speziellen metrischen Raum Gültigkeit haben, z. B. in jedem $(\boldsymbol{R}^n, \varrho_n)$ (für alle natürlichen Zahlen $n \geqq 1$), wobei ϱ_n die

Entfernung im $\boldsymbol{R}^n$ ist, also für $\mathfrak{x}, \mathfrak{y} \in \boldsymbol{R}^n$ bei $\mathfrak{x} = (x_1, \ldots, x_n)$, $\mathfrak{y} = (y_1, \ldots, y_n)$:

$$\varrho_n(\mathfrak{x}, \mathfrak{y}) = \sqrt{\sum_{i=1}^{n} (x_i - y_i)^2} .$$

Im Sinne solcher Strukturbeispiele (PEANO-System, geordneter Körper der rationalen Zahlen, Körper, vollgeordnete Menge, metrischer Raum, ...) heißt allgemein der geordnete Inbegriff, also das Tupel, aus einer Grundmenge A und gewissen weiteren Grundobjekten (Operationen, Relationen, Funktionen, Mengen, ...) eine *Struktur*, sofern gewisse postulierte Eigenschaften erfüllt sind, die *Axiome* der betreffenden Strukturgattungen. (Wir wählen für unsere Ausführungen diesen Strukturbegriff, während man auch von *Mengen mit aufgeprägter Struktur*, *strukturierten Mengen* sprechen kann, wobei dann die „Struktur“ nur das Tupel der von der Grundmenge A verschiedenen Grundobjekte ist.) Offensichtlich kann man nicht einfach die Menge der Grundbegriffe als Struktur definieren, sondern muß Tupel nehmen; denn man wünscht natürlich, daß Strukturen S_1, S_2 derselben Gattung (etwa Körper S_1, S_2, vollgeordnete Mengen S_1, S_2, metrische Räume S_1, S_2) gleich sind genau dann, wenn die Grundmengen A_1, A_2 und die weiteren Grundobjekte $\sigma_1, \tau_1, \ldots, \sigma_2, \tau_2, \ldots$ in ihrer angegebenen Reihenfolge übereinstimmen:

$$A_1 = A_2, \quad \sigma_1 = \sigma_2, \quad \tau_1 = \tau_2, \ldots .$$

Die Axiome einer Strukturgattung sind nicht etwa neue Axiome bei der axiomatischen Fundierung der Mengenlehre, sondern dienen lediglich für die betreffende Strukturtheorie (Theorie der PEANO-Systeme, Körpertheorie, Theorie der metrischen Räume, ...) im Sinne an die Spitze gestellter Voraussetzungen als Axiome.

Jede Strukturtheorie untersucht im Rahmen der axiomatischen Mengenlehre die Folgerungen, welche aus den angenommenen Strukturvoraussetzungen, den Strukturaxiomen, zu ziehen sind, und bildet auf diese Weise ein *axiomatisches Teilsystem* der Mengenlehre. Unter der *axiomatischen Methode* in der Mathematik versteht man das Bestreben, mathematische Teilgebiete strukturell zu erschließen; d. h. gewisse Grundbegriffe und Grundeigenschaften eines Teilgebietes in Form einer Struktur (wie Körper, metrischer Raum, ...) herauszugreifen, so daß die betreffende Strukturtheorie (Körpertheorie, Theorie der metrischen Räume, ...) wesentliche Ergebnisse des Teilgebietes liefert. Diese axiomatische Methode wird nicht dadurch überflüssig, daß man mit den Axiomen der Mengenlehre bereits ein absolutes Axiomensystem der Gesamtmathematik zur Verfügung hat. Denn ein solches absolutes System ist nach folgender Motivierung strukturtheoretischer Untersuchungen zu allgemein: Strukturen werden eingeführt erstens aus dem Grunde, weil durch sie nur wesentliche Eigenschaften gewisser spezieller Grundmengen (etwa der Zahlenmengen $\boldsymbol{N}, \ldots, \boldsymbol{C}$) erfaßt werden, während von für die jeweiligen Betrachtungen unwesentlichen und höchstens belastenden Eigenschaften abstrahiert wird, oder zweitens aus dem Grunde, weil man (wie etwa bei den metrischen Räumen) durch die zugehörige — weder zu spezielle noch zu allgemeine — Strukturtheorie (Theorie der metrischen Räume) gleichzeitig Aussagen für jede einzelne dieser Strukturen (etwa für die metrischen Räume $(\boldsymbol{R}^n, \varrho_n)$) gewinnt. Die einzelnen Strukturen einer Strukturgattung (etwa alle metrischen Räume) nennt man auch *Modelle* oder *Realisierungen* der betreffenden Strukturaxiome.

Die axiomatische Methode in der Mathematik fällt unter die in Bd. I, § 3, Abschn. 1 geschilderte axiomatische Methode wissenschaftlichen Arbeitens, praktiziert jetzt für Teilgebiete der Mathematik bei Zulassung der axiomatischen Mengenlehre.

Nach dem maßgeblichen Vorbild der unter dem Pseudonym N. Bourbaki arbeitenden französischen Mathematikergruppe findet heute mit strukturtheoretischen Methoden eine fortwährende Verschmelzung und Vereinheitlichung bisher nebeneinander gelegener mathematischer Disziplinen statt, indem Modelle ein und derselben Strukturgattung oft in den verschiedensten Teilgebieten der Mathematik auftreten. Als mathematische Grundstrukturen betrachtet BOURBAKI die Ordnungsstrukturen (z. B. vollgeordnete Mengen), die algebraischen Strukturen (z. B. Körper) und die topologischen Strukturen (z. B. metrische Räume), aus denen heraus speziellere Strukturen zusammengesetzt werden.

2. Beispiele. Wir geben einige Beispiele exakt mengentheoretischer Strukturdefinitionen. Ein erstes Beispiel bildeten die PEANO-Systeme (Definition 15, § 7).

Definition 1. Eine Menge A^* ist eine *vollgeordnete Menge*, falls es eine Menge A und eine Relation $\leqq$ in A gibt mit $A^* = (A, \leqq)$ und für beliebige $a, b, c \in A$:

$$(1)\ a \leqq a,$$

$$(2)\ a \leqq b \leqq c \to a \leqq c,$$

$$(3)\ a \leqq b \leqq a \to a = b,$$

$$(4)\ a \leqq b \vee b \leqq a.$$

Die Forderungen (1), (2), (3), (4) heißen die *Vollordnungsaxiome*. (Näheres zur Terminologie „geordnet", „halb. geordnet", „vollgeordnet" findet man in Band III.)

Definition 2. Eine *Gruppe* A^* ist ein Paar $A^* = (A, \cdot)$, wo A eine Menge und $\cdot$ eine Operation in A ist mit $A \neq \emptyset$ und für beliebige $a, b, c \in A$:

$$(1)\ (a \cdot b) \cdot c = a \cdot (b \cdot c),$$

$$(2)\ \exists x\, \exists y\, (x, y \in A \wedge a \cdot x = b \wedge y \cdot a = b).$$

Die Forderungen (1), (2) heißen die *Gruppenaxiome*.

Definition 3. Ein Tripel $(A, +, \cdot)$ heißt ein *Körper*, falls A eine Menge mit mindestens zwei Elementen ist und $+$, $\cdot$ Operationen in A sind mit für beliebige $a, b, c \in A$:

(1) $a + b = b + a$,

(2) $(a + b) + c = a + (b + c)$,

(3) $\exists x \, (x \in A \wedge a + x = b)$,

(4) $a \cdot b = b \cdot a$,

(5) $(a \cdot b) \cdot c = a \cdot (b \cdot c)$,

(6) $a \neq o \rightarrow \exists x \, (x \in A \wedge a \cdot x = b)$
bei $o = \iota x \, (x \in A \wedge \forall y \, (y \in A \rightarrow y + x = y))$,

(7) $a \cdot (b + c) = (a \cdot b) + (a \cdot c)$.

Die Forderungen (1)—(7) heißen die *Körperaxiome.*

Definition 4. Ein Quadrupel $(A, +, \cdot, \leqq)$ heißt ein *geordneter Körper*, falls $(A +, \cdot)$ ein Körper und $(A, \leqq)$ eine vollgeordnete Menge ist mit für beliebige $a, b, c \in A$:

(1) $a \leqq b \rightarrow a + c \leqq b + c$,

(2) $a \geqq o \wedge b \geqq o \rightarrow a \cdot b \geqq o$.

Die Körperaxiome, die Vollordnungsaxiome und die Forderungen (1), (2) zusammen heißen die *Axiome des geordneten Körpers.*

Definition 5. Ein Quadrupel $A^* = (A, +, \cdot, \leqq)$ heißt ein *geordneter Körper der rationalen Zahlen*, falls A^* ein geordneter Körper ist mit für jedes $M \subseteq A$:

(1) $e \in M \wedge \forall x \forall y \, (x, y \in M \, .\!\rightarrow\!. \, (x + y), \, (-x),$
$x \cdot y \in M \, .\!\wedge\!. \, x \neq o \rightarrow x^{-1} \in M) \rightarrow M = A$
bei $e = \iota x \, (x \in A \wedge \forall y \, (y \in A \rightarrow y \cdot x = y))$,
$-x = \iota y \, (y \in A \wedge x + y = o)$,
$x^{-1} = \iota y \, (y \in A \wedge x \cdot y = e)$.

Die Axiome des geordneten Körpers zusammen mit der Forderung (1) heißen die *Axiome des geordneten Körpers der rationalen Zahlen* oder die *Axiome der rationalen Zahlen.*

Definition 6. Ein Quadrupel $(A, P, +, \cdot)$ heißt ein *angeordneter Körper*, falls $(A, +, \cdot)$ ein Körper ist und $P \subseteq A$ gilt mit für beliebige $a, b \in A$:

(1) *Es besteht genau einer der Fälle*

$$a = o, \quad a \in P, \quad -a \in P,$$

(2) $a, b \in P \rightarrow a + b, a \cdot b \in P$.

Die Körperaxiome zusammen mit den Forderungen (1), (2) (P ist anschaulich die Menge der positiven Elemente von A) heißen die *Axiome des angeordneten Körpers.*

Definition 7. Eine Boolesche *Algebra* ist ein Tripel $(A, \cap, \cup)$ ($\cap$, $\cup$ seien hier *Variable für Objekte*), wo A eine Menge ist und $\cap$, $\cup$ Operationen in A sind mit für beliebige $a, b, c \in A$:

(1) $a \cap b = b \cap a, \quad a \cup b = b \cup a,$

(2) $(a \cap b) \cap c = a \cap (b \cap c), \quad (a \cup b) \cup c = a \cup (b \cup c),$

(3) $a \cap (a \cup b) = a, \quad a \cup (a \cap b) = a,$

(4) $a \cap (b \cup c) = (a \cap b) \cup (a \cap c),$
$a \cup (b \cap c) = (a \cup b) \cap (a \cup c),$

(5) $\exists o\, (o \in A \wedge \forall x\, (x \in A \rightarrow o \cap x = o)),$
$\exists e\, (e \in A \wedge \forall x\, (x \in A \rightarrow x \cup e = e)),$

(6) $\exists x\, (x \in a \wedge a \cap x = o \wedge a \cup x = e)$
(wobei o, e die eindeutig bestimmten Elemente aus (5) sind).

Die Forderungen (1)—(6) heißen die *Axiome der* Boole*schen Algebra.* Abgesehen von wichtigeren Anwendungen Boolescher Algebren bildet jede Potenzmenge einer Menge A zusammen mit dem auf $\mathfrak{P}A$ relativierten Mengendurchschnitt $\cap$ und der auf $\mathfrak{P}A$ relativierten Mengenvereinigung $\cup$ eine Boolesche Algebra $(\mathfrak{P}A, \cap, \cup)$ bei

$$o = \emptyset, \qquad e = A$$

und (für alle $a \subseteq A$)

$$a \cap \overline{a} = \emptyset, \qquad a \cup \overline{a} = A,$$

welche erfahrungsgemäß strukturell das Rechnen innerhalb $\mathfrak{P}A$ in bezug auf die elementaren Operationen der Durchschnitts-, Vereinigungs- und Komplementbildung $\cap, \cup, ^{-}$ erfaßt (Komplement bzgl. A).

Definition 8. Ein *topologischer Raum* ist ein Paar (E, τ), wo E eine Menge ist und $\tau \subseteq \mathfrak{P}E$ gilt mit für beliebige $\mathfrak{G} \subseteq \mathfrak{P}E$ und beliebige $G_1, G_2 \subseteq E$:

$$(1)\ \mathfrak{G} \subseteq \tau \to \bigcup \mathfrak{G} \in \tau,$$
$$(2)\ G_1, G_2 \in \tau \to G_1 \cap G_2 \in \tau,$$
$$(3)\ \emptyset,\ E \in \tau.$$

Die Forderungen (1), (2), (3) heißen die *Axiome des topologischen Raumes.*

Wir können die Beispiele fortsetzen mit den (in § 8) kennengelernten weiteren Zahlbereichsstrukturen, den metrischen Räumen (aus Abschn. 1) oder sonstigen noch komplizierteren mathematischen Strukturbegriffen. Es ist jedoch immer dasselbe Definitionsprinzip: Man fasse die jeweiligen Grundbegriffe zu einem Tupel zusammen und postuliere die zugehörigen Grundeigenschaften als Axiome.

3. Mathematische Modelle. Die große Anwendungsfähigkeit der Mathematik beruht darauf, daß man mit mathematischen Begriffsbildungen und Ergebnissen, obwohl sie alle nur von mengentheoretisch definierten Objekten unserer Mengenlehre handeln, auch mathematisch nicht definierbare — wirkliche oder nur gedachte — Dinge mit ihren Eigenschaften theoretisch erfassen kann. Das geschieht durch Aufstellen eines mathematischen Modells. Man ordnet im anschaulichen Sinne jenen Dingen umkehrbar eindeutig gewisse mathematische Objekte, welche die Menge A bilden mögen, derart zu, daß sich anschauliche Grundeigenschaften jener Dinge (im Zusammenhang mit weiteren sich auf diese Dinge beziehenden anschaulichen

Begriffen) in entsprechenden mathematisch beweisbaren Eigenschaften gewisser noch zu A hinzugenommenen mathematisch definierbaren Objekte $\sigma, \tau, \ldots,$ wie gewisser Operationen, Relationen, Funktionen, Mengen, ..., widerspiegeln. Die mathematische Behandlung des *mathematischen Modells* $M = (A, \sigma, \tau, \ldots)$ liefert dann durch anschauliche Rückinterpretation weitere Auskünfte über den ursprünglichen Dingbereich. Das mathematische Modell M muß nicht notwendig eine Struktur mit streng fixierten Axiomen sein (vgl. Abschn. 2), muß also erst recht nicht zu einer bereits erfaßten Strukturgattung gehören. Im Falle einer Struktur ist M gleichzeitig Modell der betreffenden Strukturaxiome.

Einfachste Beispiele solcher mathematischen Modelle liefern die natürlichen Zahlen. Liegt nämlich ein anschaulich gegebener konkreter endlicher Gegenstandsbereich $B \neq \emptyset$ vor (die Menge aller Einwohner einer Stadt; B muß nicht notwendig Teilmenge des Urbereiches $\boldsymbol{U}$ sein, man denke an $\boldsymbol{U} = \emptyset$, vgl. Bd. I, § 1, Abschn. 4) und will man im anschaulichen Sinne genommene mengentheoretische Begriffe innerhalb B studieren — etwa die Teilmengen von B im Hinblick auf $\subseteq$, $\cup$, $\cap$, die Permutationen von B im Hinblick auf $\circ$ und eine spezielle Relation in B (die Vater-Sohn-Beziehung) —, so bilde man B anschaulich eineindeutig auf die Menge $[1, n]$ aller natürlichen Zahlen i mit $1 \leqq i \leqq n$ ab (oder auch auf $\boldsymbol{N}(n)$), wo n die Anzahl von B ist, und es entsprechen vermittels dieser Abbildung den ursprünglichen anschaulich genommenen mengentheoretischen Begriffen innerhalb B die zugehörigen mathematisch definierbaren Objekte innerhalb $[1, n]$ mit mathematisch beweisbaren Eigenschaften. Es wäre dann

$$M = ([1, n], \mathfrak{P}[1, n], \subseteq, \cup, \cap, P, \circ, R)$$

ein mathematisches Modell für die ursprünglichen anschaulichen Begriffe (und der Teil $(\mathfrak{P}[1, n], \cap, \cup)$ von M gehört als BOOLEsche Algebra zu einer bereits erfaßten Strukturgattung); dabei seien $\subseteq$, $\cup$, $\cap$ auf $\mathfrak{P}[1, n]$

bezogen, sei P die Menge der Permutationen von $[1, n]$, sei $\circ$ auf P bezogen und sei R die der ursprünglichen speziellen Relation in B entsprechende Relation in $[1, n]$.

Klassische Beispiele mathematischer Modelle (die gleichzeitig Modelle geläufiger Strukturaxiome sind) liefert die Geometrie. Man ordne mit der üblichen Koordinatensystemvorstellung den Punkten des 3-dimensionalen Anschauungsraumes umkehrbar eindeutig die Elemente des $\boldsymbol{R}^3$ zu und dem (anschaulichen) Abstand zweier Punkte die Zahl

$$\varrho(\mathfrak{x}, \mathfrak{y}) = \sqrt{\sum_{i=1}^{3} (x_i - y_i)^2}\,,$$

wo $\mathfrak{x}$, $\mathfrak{y}$ die den beiden Punkten zugeordneten Elemente aus $\boldsymbol{R}^3$ sind; dann ist das mathematische Modell

$$M = (\boldsymbol{R}^3, \varrho)$$

des 3-dimensionalen Anschauungsraumes ein metrischer Raum, was den inhaltlichen Vorstellungen über den 3-dimensionalen Anschauungsraum entspricht. Auf ähnliche Weise werden die anschaulichen Vektoren in bezug auf Addition und Multiplikation mit einem Skalar mathematisch als Vektorraum erfaßt; nimmt man noch die Punkte hinzu mit einer Punkt-Vektor-Addition, so entsteht ein affiner Raum als mathematisches Modell.

Jede Erfassung und Beschreibung naturwissenschaftlicher Begriffe durch Begriffe der Analysis (stetig differenzierbare reelle Funktionen, Potentialfunktionen, Integrale, ...) ist mathematische Modellbildung zum Zwecke der mathematischen Behandlung naturwissenschaftlicher Vorgänge. Die Wahrscheinlichkeitsrechnung liefert mathematische Modelle für vom Zufall gesteuerte Massenerscheinungen.

4. Schlußbemerkungen. Kapitel II hat als Bestätigung der These „Mathematik = Mengenlehre" an zahlreichen Beispielen gezeigt, wie sich mathematische Begriffe und Ergebnisse einheitlich innerhalb unserer axiomatischen

Mengenlehre erhalten lassen. Die axiomatisch-mengentheoretische Darstellung der Mathematik ist ein wesentliches Hilfsmittel für das Verständnis und damit auch für die Weiterentwicklung der Mathematik, hat man doch mit den vereinbarten formalen Spielregeln der axiomatischen Mengenlehre (Verwendung nur der zugelassenen Ausdrücke, Terme und Definitionen der Mengenlehre und rein logisches Schließen aus den Axiomen; vgl. Bd. I) einen präzise abgesteckten Kalkül zur Verfügung, in dem alle mathematischen Betrachtungen stattfinden. Es gibt in diesem Kalkül keine Unklarheiten darüber, was einwandfreie Definitionen, Aussagen und Beweise sind und was nicht. Es sei aber abschließend besonders betont, daß trotz der Wichtigkeit der Darstellung der Mathematik im Rahmen der Mengenlehre von erstrangiger und ausschlaggebender Bedeutung für das Verständnis der Mathematik das inhaltliche Erkennen der hinter den mathematischen Sätzen stehenden Zusammenhänge der Dinge ist. Man muß zwischen formaler und inhaltlicher Betrachtungsweise das richtige Maß wählen. Das soll besagen, daß man — zum Zwecke eines vereinfachten Formalismus — bei Definitionen mathematischer Begriffe und bei Formulierungen und Beweisen mathematischer Sachverhalte hinsichtlich formaler Exaktheit etwas großzügiger wird; natürlich nur so weit, daß einwandfreies Verständnis gewahrt bleibt und die Möglichkeit des exakten mengentheoretischen Nachvollzugs jederzeit ersichtlich ist.

So verwendet man oft verschiedene Variablensorten für verschiedene Objektbereiche (wobei die verschiedenen Objektgattungen mengentheoretisch definierbar sein müssen), etwa i, j, k, m, n als Variable für natürliche Zahlen, x, y, z, ε als Variable für reelle Zahlen, A, B, C als Variable für Teilmengen von $\boldsymbol{R}$ usw. Man erspart sich dann beim Auftreten solcher Variablen jeweils den Zusatz, um welche Objektgattung es sich handelt (nach dem Muster der verabredeten Verwendung von i, j, k, m, n, als Variable für natürliche Zahlen in § 10, Abschn. 2).

Man wählt neben Buchstaben gelegentlich auch für die jeweiligen Betrachtungen besonders anschauliche Zeichen als Variable wie $\square$, $\Box$ (§ 10, Abschn. 5), $+$, $\cdot$, $\leqq$, $\cap$, $\cup$ (Abschnitte 1,2).
Man vereinbart oft, in der Formulierung von Sätzen bei als richtig behaupteten Aussagen die äußeren All-Quantoren wegzulassen. Mit dieser Vereinbarung würde also die Behauptung

$$\forall A \forall B (A, B \textit{ Menge} \to A \cup B = B \cup A)$$

einfach lauten:

$$A, B \textit{ Menge} \to A \cup B = B \cup A;$$

wählt man zusätzlich noch die Variablen A, B als Variable für Mengen, so hätte man nur zu behaupten:

$$A \cup B = B \cup A.$$

Bei rekursiven Definitionen erspart man sich oft die genaue Rückführung auf einen Rechtfertigungssatz.
Sich überschneidende Bezeichnungen sind innerhalb des Großkomplexes Mathematik praktisch kaum zu vermeiden. Man hält durch entsprechende Hinweise im Text die Interpretationen mehrdeutiger Begriffsbildungen klar auseinander. Solche mehrdeutigen Bezeichnungsweisen treten unmittelbar nebeneinander auch etwa bei der Festsetzung auf, die Vereinigung einer Mengenfamilie $(A_i)_{i \in I}$ mit A zu bezeichnen, also die Gleichung $A = \bigcup_{i \in I} A_i$ zu verwenden, obwohl bereits $A = (A_i)_{i \in I}$ gilt; es ist dann stillschweigend vereinbart, die Mengenfamilie mit $(A_i)_{i \in I}$ zu bezeichnen und ihre Vereinigung mit A. Man vergleiche auch die doppelte Bedeutung des Summen- und Produktzeichens $\sum$, $\prod$ in § 10, Abschn. 6.
Jede mathematische Gleichungstheorie (Theorie der algebraischen Gleichungen, der Differentialgleichungen, ...) ist eine mengentheoretisch exakte Theorie, da Aussagen über Gleichungen (Gleichungen im Sinne hingeschriebener Zeichenreihen) verabredungsgemäß als

entsprechende Aussagen über die durch die Gleichungen beschriebenen mathematischen Objekte zu verstehen sind. So bedeutet z. B. die Aussage ,,Jede Gleichung ersten Grades mit reellen von Null verschiedenen Koeffizienten hat genau eine reelle Wurzel.“ exakt: ,,Für beliebige reelle Zahlen a, b mit $a, b \neq 0$ gibt es genau eine reelle Zahl x mit $ax + b = 0$.“ Im Sinne dieses Beispieles hat man stets gleichungstheoretische Aussagen zu verstehen.
Neben anschaulichen Formulierungen mathematischer Sachverhalte (wie etwa die erwähnte gleichungstheoretische Sprechweise) akzeptiert man oft auch anschauliche Beweisführungen, sofern nur immer die Möglichkeit der exakten mengentheoretischen Umsetzung ersichtlich ist. Hat man als einfaches Beispiel eine endliche Elementefamilie $a = (a_i)_{1 \leqq i \leqq n}$, vertauscht für feste Indizes $i_1 \neq i_2$ die Elemente a_{i_1}, a_{i_2} miteinander, wodurch die neue Familie $a' = (a'_i)_{1 \leqq i \leqq n}$ entsteht, und behauptet, daß a' aus a zu erhalten ist, indem man in endlich vielen Schritten jeweils nur benachbarte Elemente vertauscht, so ist die folgende Argumentation ein anschaulicher Beweis für diese Behauptung: Ist etwa $i_1 < i_2$, so gelangt a_{i_1} an die Stelle i_2, indem man a_{i_1} sukzessiv mit seinem jeweiligen rechten Nachbarn vertauscht bis hin zur Stelle i_2, und gelangt a_{i_2} (das jetzt an der Stelle $i_2 - 1$ steht) an die Stelle i_1, indem man a_{i_2} sukzessiv mit seinem jeweiligen linken Nachbarn vertauscht bis hin zur Stelle i_1.

Eine Liste derartiger Verabredungen ist in zahlreichen mathematischen Texten zu beachten. Solche Verabredungen ergeben sich aber mit ihrer dem gesunden Menschenverstand unmißverständlichen Handhabung großenteils zwangsläufig aus dem Zusammenhang der jeweiligen Betrachtungen, so daß sie dann kaum erwähnt werden.

Damit sind Methode und Praxis der mengentheoretischen Darstellung des größten Teiles der Mathematik – darunter die Analysis – hinreichend demonstriert, und man kann diese mengentheoretische Darstellung jederzeit in beliebigem mathematischem Zusammenhang zum

Vorteil klaren und leichten Verständnisses durchführen. Band III liefert schließlich die mengentheoretische Darstellung der Gesamtmathematik. Es fehlen nämlich noch Wohlordnungs-, Kardinal- und Ordinalzahltheorie und die darauf fußende Erweiterung unseres bisherigen elementaren Axiomensystems der Mengenlehre durch Hinzunahme eines Axiomes über die Existenz von Universen.

Von nun an seien „Mathematik“ und „Mengenlehre“ wieder synonyme Begriffe.

Literaturverzeichnis

Es wird ein Überblick über die international vorliegende Hochschul-Lehrbuchliteratur zur Allgemeinen Mengenlehre gegeben.

ABBOTT, J. C., Sets, lattices and Boolean algebras; Boston 1969.

ABIAN, A., The theory of sets and transfinite arithmetic; Philadelphia-London 1965.

АЛЕКСАНДРОВ, П. С., Введение в общую теорию множеств и функций; Москва-Ленинград 1948.

ALEXANDROFF, P. S., Einführung in die Mengenlehre und die Theorie der reellen Funktionen; Berlin 1967.

BACHMANN, H., Transfinite Zahlen; Berlin-Heidelberg-New York 1967.

BASTIANI, A., Théorie des ensembles; Paris 1970.

BERNAYS, P., FRAENKEL, A. A., Axiomatic set theory; Amsterdam 1968.

BOREL, E., Elements de la théorie des ensembles; Paris 1949.

BOURBAKI, N., Théorie des ensembles; Paris 1960 (Kapitel I, II), 1963 (Kapitel III) und 1957 (Kapitel IV).

BREUER, J., Introduction to the theory of sets; Englewood Cliffs, N. Y. 1958.

CHRISTIAN, R., Introduction to logic and sets; Boston 1958.

COHEN, P. J., Set theory and the continuum hypothesis; New York-Amsterdam 1966.

CROSSLEY, J. N., Constructive order types; Amsterdam 1969.

FELGNER, M., Models of ZF-set theory; Berlin-Heidelberg-New York 1971.

FITTING, M. C., Intuitionistic logic, model theory and forcing; Amsterdam-London 1969.

FRAENKEL, A. A., Zehn Vorlesungen über die Grundlegung der Mengenlehre; Leipzig-Berlin 1927.

FRAENKEL, A. A., Einleitung in die Mengenlehre; Berlin 1928.

FRAENKEL, A. A., Mengenlehre und Logik; Berlin 1959.
FRAENKEL, A. A., Abstract set theory; Amsterdam 1968.
FRAENKEL, A. A., BAR-HILLEL, Y., Foundations of set theory; Amsterdam 1958 und 1973.
ФРЕНКЕЛЬ, А. А., БАР-ХИЛЛЕЛ, И., Основания теории множеств; Москва 1966.
GÖDEL, K., The consistency of the axiom of choice and of the generalized continuum-hypothesis with the axioms of set theory; Princeton 1961.
HALMOS, P. R., Naive set theory; Princeton N. Y.-Toronto-London-New York 1960.
HALMOS, P. R., Naive Mengenlehre; Göttingen 1969.
HAMILTON, N., LANDIN, J., Set theory: the structure of arithmetic; Boston 1961.
HAO WANG, MCNAUGHTON, R., Les systèmes axiomatiques de la théorie des ensembles; Paris-Louvain 1953.
HAUSDORFF, F., Grundzüge der Mengenlehre; Leipzig 1914 und New York 1949.
HAUSDORFF, F., Mengenlehre; Berlin-Leipzig 1935.
HAUSDORFF, F., Set theory; New York 1957.
HAYDEN, S., KENNISON, H. F., Zermelo-Fraenkel set theory; Columbus, Ohio 1968.
HESSENBERG, G., Grundbegriffe der Mengenlehre; Göttingen 1906.
JECH, TH. J., Lectures in set theory with particular emphasis on the method of forcing; Berlin-Heidelberg-New York 1971.
JENSEN, R. B., Modelle der Mengenlehre; Berlin-Heidelberg-New York 1967.
KAMKE, E., Theory of sets; New York 1950.
KAMKE, E., Mengenlehre; Berlin 1962.
KEENE, G. B., Abstract sets and finite ordinals; Oxford-London-New York-Paris 1961.
KLAUA, D., Konstruktion ganzer, rationaler und reeller Ordinalzahlen und die diskontinuierliche Struktur der transfiniten reellen Zahlenräume; Berlin 1961.
KLAUA, D., Allgemeine Mengenlehre; Berlin 1968 (Band I) und 1969 (Band II).
KLAUA, D., Elementare Axiome der Mengenlehre; Berlin-Oxford-Braunschweig 1971.
KLAUA, D., Grundbegriffe der axiomatischen Mengenlehre, Teil 1 und 2; Berlin-Oxford-Braunschweig 1973.
КОЭН, П. ДЖ., Теория множеств и континуумгипотеза; Москва 1969.

Krivine, J. L., Théorie axiomatique des ensembles; Paris 1969.

Krivine, J. L., Introduction to axiomatic set theory; Dordrecht 1971.

Kruse, A. H., Localization and iteration of axiomatic set theory; Detroit 1969.

Kuratowski, K., Einführung in die Mengenlehre und Topologie (Polnisch); Warszawa 1955.

Kuratowski, K., Introduction to set theory and topology; Oxford-London-New York-Paris-Warszawa 1972.

Kuratowski, K., Mostowski, A., Mengenlehre (Polnisch); Warszawa-Wrocław 1952.

Kuratowski, K., Mostowski, A., Set theory; Warszawa-Amsterdam 1968.

Куратовский, К., Мостовский, А., Теория множесть; Москва 1970.

Lipschutz, S., Set theory and related topics; New York 1964.

Mendelson, E., Introduction to mathematical logic; Princeton-Toronto-New York-London 1964.

Мендельсон, Э., Введение в математическую лошку; Москва 1971.

Monk, J. D., Introduction to set theory; New York-St. Louis-San Francisco-London-Sydney-Toronto-Mexico-Panama 1969.

Morse, A. P., A theory of sets; New York-London 1965.

Mostowski, A., Constructible sets with applications; Warszawa-Amsterdam 1971.

Pinter, Ch. C., Set theory; Reading-Menlo Park-London-Don Mills 1971.

Quine, W. V., Mathematical logic; Cambridge Mass. 1951.

Quine, W. V., From a logical point of view; Cambridge Mass. 1953.

Quine, W. V., Set theory and its logic; Cambridge Mass. 1969.

Rosser, J. B., Simplified independence proofs; New York-London 1969.

Rotman, S., Kneebone, S. T., The theory of sets and transfinite numbers; London 1966.

Rubin, H., Rubin, J., Equivalents of the axiom of choice; Amsterdam 1970.

Rubin, J. E., Set theory for the mathematician; San Francisco 1967.

Saarnio, U., Das System und die Darstellung der transfiniten Ordnungszahlen mit Hilfe der höheren Rechenoperationen; Helsinki 1958.

Schmidt, J., Mengenlehre I; Mannheim 1966.

SCHOENFLIES, A., Entwickelung der Mengenlehre und ihrer Anwendungen; Leipzig-Berlin 1913.

SHOENFIELD, J. R., Mathematical logic; Reading (Mass.)-Menlo Park (Cal.)-London-Don Mills (Ontario) 1967.

SIERPIŃSKI, W., Hypothèse du continu; Warszawa-Lwow 1934.

SIERPIŃSKI, W., Leçons sur les nombres transfinis; Paris 1950.

SIERPIŃSKI, W., Algèbre des ensembles; Warszawa-Wrocław 1951.

SIERPIŃSKI, W., Cardinal and ordinal numbers; Warszawa 1965.

SIGLER, L. E., Exercises in set theory; Princeton N.Y.-Toronto-New York-London 1966.

SKOLEM, TH. A., Abstract set theory; Notre Dame, Indiana 1962.

SŁUPECKI, J., BORKOWSKI, L., Elements of mathematical logic and set theory; Warszawa-Oxford-London-Edinburgh-New York-Toronto-Sydney-Paris-Braunschweig 1967.

STOLL, R. R., Set theory and logic; San Francisco-London 1963.

SUPPES, P., Axiomatic set theory; Princeton N.Y.-Toronto-London-New York 1960.

TAKEUTI, G., ZARING, W. W., Introduction to axiomatic set theory; New York-Heidelberg-Berlin 1971.

VOPĚNKA, P., HÁJEK, P., The theory of semisets; Prague 1972.

ZEHNA, P., JOHNSON, R., Elements of set theory; Boston 1972.

Symbol-Liste

Namen- und Sachregister

Wir empfehlen zur Komplettierung:

DIETER KLAUA

Grundbegriffe der axiomatischen Mengenlehre, Teil 1

(Einführung in die Allgemeine Mengenlehre, II/1)

(WTB, Reihe Mathematik/Physik)

1973. Etwa 144 Seiten — 6 Abbildungen — kl. 8° — 8,—M

Bestell-Nr. 7615686 (7082)

Der Autor behandelt auf der Grundlage elementarer mengentheoretischer Axiome die Begriffe und Gesetze der Mengenalgebra. Er führt anschaulich in den Abbildungs- und Relationsbegriff ein und entwickelt dann axiomatisch die Theorie der Abbildungen, Relationen, Funktionen und Operationen einschließlich der verallgemeinerten Mengenoperationen und demonstriert anhand zahlreicher Beispiele die Wichtigkeit der Äquivalenzrelationen für Definitionen mathematischer Begriffe durch Abstraktion.

Ihr Buchhändler hält alle Wissenschaftlichen Taschenbücher für Sie bereit!

Der Autor

- führt anschaulich zur Anzahldefinition endlicher Mengen und skizziert dann axiomatisch-mengentheoretisch den Aufbau des Zahlensystems von den natürlichen bis zu den komplexen Zahlen

- entwickelt ausführlich die Theorie der endlichen und abzählbaren Mengen und der Mengen von der Mächtigkeit des Kontinuums

- zeigt an vielen Beispielen die praktische Handhabung der Rekursionssätze bei der Überführung induktiver Definitionen in explizite, die Nützlichkeit von Strukturen für die axiomatische Methode in der Mathematik und die Bedeutung mathematischer Modellbildungen für die Anwendung der Mathematik

- setzt die Kenntnis des WTB-Bandes „Grundbegriffe der axiomatischen Mengenlehre, Teil 1" voraus

WISSENSCHAFTLICHE TASCHENBÜCHER

FSC
www.fsc.org
MIX
Papier | Fördert gute Waldnutzung
FSC® C083411

Zeitfracht Medien GmbH
Ferdinand-Jühlke-Straße 7
99095 Erfurt, Deutschland
produktsicherheit@kolibri360.de